别把这世界
让给你鄙视的人

杨喵喵 ㊔

新世界出版社
NEW WORLD PRESS

好吃懒做

别允许任何人挡你的路，

别等到别人砸门了，甚至把墙推倒了，

你才醒来。

状态
摆又摆不烂

你来人间一趟，

不是为了出尽洋相，

不是为了活成被人鄙视的样子，

更不是为了

把那个答应过自己要得到的世界拱手相让。

自然醒

你每天起床之前有两个选择，

要么继续趴下做你没有做完的梦，

要么拉开被子完成你没有完成的梦想。

生活很难，

如果有一天你发现生活好像并没有那么难，

不是生活变轻松了，

而是你变强了。

序言
PREFACE

有许多话，的确当不得真。

甚至连路边的广告牌都能告诉你，生活其实很可爱，外面的世界很精彩，不信你闻，就连空气都是甜的。它告诉你，世界愿意温柔善待每一个人，它给所有你想要的东西统统贴上“亲，包邮哦”，你只要动动手指就行了。最后，女生都会等来一个男神，男生也都能等来一个女神，你们的未来叫作“现世安稳，岁月静好”。

可事实上，这只是对你光秃秃的人生进行的一场臆想而已。

你常常把“世界”挂在嘴边，天天惦记着“世界那么大，我想去看看”，你想让日子过得有情调，今天伦敦广场喂鸽子，明天夏威夷海边看日出。可是终有一天你会发现，无论外面的世界如何盛大，与你有关的、你手上拥有的东西，才是你的“这世界”。那是一份你正为之努力的工作，是你的一蔬一饭，是你的家人、爱人和朋友，还有你的梦想及野心。它们不多也不少，刚好构成了你的全部生活。

于是，当梦想被打回原形，问题也就跟着来了，你是真的很努力，还是在努力给自己的不努力找理由？你是依旧怀揣着最初的那份在世上赢得一席之地的野心，还是已经习惯了，妥协了，屈服了，把这平庸、懒散的日子当成理所当然了？你是真的要让自己的梦想扎下根来，还是把你的这世界拱手相让了？

靠没有锋芒的善良和无原则的妥协守住自己的“这世界”，这绝对是一种天真。

这世界不管是好机会、好工作、好东西还是好姑娘，都不是流水线生产、无限量上架供应的。你不去用力争取，那就只能带着羡慕嫉妒恨的眼神，坐视他人捞走每一块肥肉，连汤也不给你留一口。每个两手空空又无路可走的人都不得不承认，你的人生是被自己亲手废掉的。

有时候废掉一个人的，往往是那些隐形的绊脚石。插科打诨的闲散，时间久了，会腐蚀你对事物原本的炙热渴望；推三阻四的拖延，次数多了，会造成别人对你的印象大打折扣。曾经偷过的懒，最后都会变成跨不过去的坑；曾经得过且过的日子，最后都会变成困住你的城墙。

你以为微不足道的细节，最终会成为不可挽回的悲剧情节。

所以，人啊，可以犯一些无伤大雅的小错误，可以尝试一些不规则的人生，但就是有一点：千万别选了不该选的，又放弃了不该放弃的。

生活是一场没有硝烟的较量。你明明知道有对手却看不见他的样子，你即使输了却不知道输给了谁，你明知道自己有可能会输还不得不奋力拼搏。

不是所有的“等一等”都会有好结果。心仪的衣服再不买就下架了，心里的话再不说就生疏了，喜欢的餐厅再不去就关门了，迷人的风景再不拍就消失了，喜欢的人再不表白就错过了。人生短暂，机会有限，遇到喜欢的就努力争取，宁可因为做错了后悔，也千万不要因为错过了后悔。

任何时代都只承认结果，它不分男女、强弱，只论输赢。不过，它虽然有些刻薄，但终究会承认你的努力。

当你迷茫时，你会发现处处是南墙，条条是弯路，步步有陷阱。你跨不过去，求饶了，那就是你的无底洞；你冲上去了，挺住了，那就是你的加冕礼。所以，在那个你想要的结果到来之前，你只能咬牙撑住。

你本是一只自由飞翔的鸟儿，别让自己成为拴在别人绳上的蚂蚱。

你来人间一趟，不是为了出尽洋相，不是为了把自己活成被人鄙视的样子，不是为了把那个曾答应过自己要得到的世界拱手相让。

生活不是用来妥协的，你退缩得越多，能让你喘息的空间就越有限；日子不是用来将就的，你表现得越卑微，幸福的东西会离你越远。无须把自己摆得太低，不必一再地容忍，不能让别人践踏你的底线。挺直了腰板向前冲，世界才会给你回馈。

过了 20 岁，你要给自己立一个标准：吃进肚子里的每一样东西，都是新鲜的、能给你能量的东西；记在脑子里的每一句话，都是能让你放弃偏见、蓬勃向上的鼓励；走进心里的每一个人，都是能让你心生愉悦、渴望相伴一生的那个人。

有了这个判断标准，你就明白了这一生要怎么过、怎么活。你就会不在意他人的否定，也不在意他人的认可，明白了你既是自己的墙，也是自己的路。

现在，你想知道的答案和道理，都是你的了。当你合上这本书的时候，好想听你轻轻对自己说，你终于知道要怎么做了。

目录
CONTENTS

ONE >>>
你的付出，就是你的生活

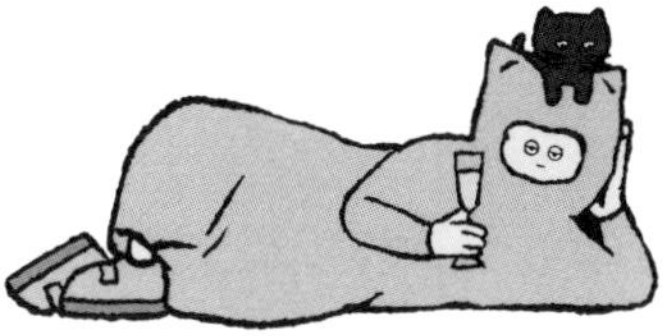

TWO >>>

改变自己不是因为你能做什么，而是你该做什么

THREE >>>

别把这世界
让给你鄙视的人

FOUR >>>

退而求其次的选择，都是将就

FIVE >>>

一辈子不长，
对自己好一点儿

SIX >>>

你很珍贵，
理应自由、骄傲、无所畏惧

SEVEN >>>

即使改变不了世界，也别让世界改变了你的初心

别让别人告诉你年华不再、长相平庸、机遇已逝。

即使真的是这样，

你仍然要奋力守住自己的世界。

ONE >>>

你的付出，就是你的生活

人生是一场旅程，

我们借由多少的造化，

才换来了这份礼物。

要做一个内有筋骨，外显圆润的人。

有时候，也需要对这世界亮一下你的伶牙俐齿，

它们可不仅仅是摆设。

你唯一能浪费的，不过是你自己

你说 >>>

失眠就失眠吧，第二天再补回来就好；今天的计划完不成就完不成吧，往后再推一天也没关系的。

喵喵说 >>>

失去的时间，哪里还能找补回来？一来一回，你所谓的补，其实是搭进了双倍的消耗和代价。

我们都太爱说来日方长，日后可以慢慢补偿，但其实呢？时间以无情为第一，它才不在乎你是否愿意，你只要稍一耽搁、稍一犹豫，它立马就帮你决定故事的结局。它会把你欠下的对不起变成还不起，又会把很多很多的还不起，变成来不及。

>>> A

小君，目前在一家省级电视台当外派记者兼编辑。

巴西里约奥运会的时候，小君飞里约出差。在去的路上发生了一件事，对小君的触动很大，噢，不，是特别大。

当时她是从上海浦东机场起飞，中间经停巴黎戴高乐机场，再到里约，这一路上得折腾三十来个小时。

在小君旁边，坐着一个看似与她年纪相仿的女孩，小君一开始找座位的时候和她礼貌地打了一声招呼，女孩也很礼貌地笑一笑。

在整个漫长无比的飞行过程中，小君睡睡醒醒的，剩下的时间，基本是靠一本她特别喜欢的心理学的书来打发的，原本就快要读完了，想着在飞机到达之前解决掉。

但是小君注意到，她身边的女孩全程就没怎么休息过，她总是抱着笔记本电脑在写什么东西。好像有两次她合上电脑睡了，可时间都不长，小君隔了一会儿睁开眼睛往那边一看，果然，人家又在工作了。

后来，小君实在忍不住了，终于等到那女孩吃东西的时候和她聊了几句。

“工作很忙？我看你好像都没怎么休息。”

“嗯，临时被派去做一个演示，可是上飞机前出了点状况，对方临时告知我说主题有变动，我这边只好跟着换一个思路，趁着在路上的这段时间多准备准备。一下飞机，那边的同事也需要拿这份文案去调整和准备。”

“你经常都这么忙啊？”

“嘿嘿，也还好，还好。做设计这行的，有时候就是这样，反正，在老外面前总不能丢人啊。”

小君本来还以为，她们俩的对话应该也就仅限于此了。可是临到目的地之前，对方很友好地开口了：“对了，你手里的书，你觉得怎么样？我看你好像都读完了。”

“特别特别喜欢。我看了也有一阵子了，今天看完了。感觉有点儿像追剧，追到最后，都有点舍不得看完了。”

接下来，她略显腼腆地笑了笑。

“我译的，巧吧？”轻巧得就像在自言自语的一句话。

大概是看小君好像还没太缓过神儿来，她又笑了笑说：“我是在国外上学的时候读到的原版，超级喜欢，觉得对人很有帮助，后来就抽空翻译了。要不然，你问我一段？或者，我给你写句话吧，嘿嘿。”

你发现了吗？人生很奇妙的一点，就是你永远都不知道，开了挂的人生，究竟长成什么样。

小君说，原本她真的以为自己在工作上已经够忙、够拼命了，但其实根本不是。原来，那些看起来过得很牛、很酷的人，都在你看不见的地方铆足了劲儿努力着。

人其实都挺纠结的，特别在二十几岁，是千山万水还是朝九晚五？是先成家还是先立业？是赶紧结婚生子还是接着当个自由的单身一族？

你想给自己一个答案，但是，首先有一点你要明白，不管你走了一条怎样的路，你都不能让自己成为一个平庸的人。

一看到有人泡在咖啡店里，一边喝着咖啡，一边使用笔记本电脑，好像是在悠闲地写稿子、看书、改文案，有人就以为人家那是伪文艺、装格调。

可不好意思，人家真的是在办正事。而你也不会知道，按照她的日程表，忙起来的时候，一天当中可能要飞三个城市、要说至少六七个小时的话，睡眠时间加起来还不到三个小时。

其实，人到了一定阶段就会明白，这世界根本就没什么大道理可讲，所谓的好命和好运气，其实无非都是自己付出，自己收获。仅此而已。

>>> B

你有没有过这样的经历，忽然想放下一切，从某个地方马上逃走，比如正在开会的会议室、早晚拥挤的地铁站、没完没了的考试……在一顿幻想大餐后，你放下这个念头，继续干着手里的活。

你一再推延着自己期待已久的旅行，去海边看看大海，去成都吃香辣火锅，带着家人去圣托里尼、马尔代夫……这些念头人人都会有，但是真的实现起来，怎么就那么难？一晃，就已经过去了一年、两年，甚至三年、五年。

其实，有些话很戳心，但也很真实，它所说的，的确就是现在的你：

三分钟热度没有毅力，做事情推三阻四，懒惰大于决心；激励自己的话说了太多，却只是说说而已；计划制订得非常完美，却总是由今天推到明天，再由明天推到后天，到头来什么也没做成；被一句话、一件事激起了奋斗意识，准备好好努力，却还没有坚持几天就放弃了。

最可恶的就是，你明明知道，如果再一天天这样下去就是个死循环，只会害了自己，可是你依然还是这样，改变不了。

很多人都是这样，总是把梦想留在未来，把旅行留在下一次，把想做的事留在以后。直到后来的某一天，你忽然明白了，原来自己败给了时间。可事实呢？

事实就是，所有的理由不过是你给自己的拖延和懒惰找的借口。

事实就是，这个世界上根本没有“浪费时间”这回事，你唯一能浪费的，不过是你自己。

事实就是，人们很少会真心嘲笑一个人的梦想和天分，只会嘲笑他不够勤奋，不够努力。

所以，真的不要只是热爱、只是想象，而是去做。把懒惰放一边，把丧气的话收一收，把积极性提一提，把矫情的心放一放，所有想要的，都得靠自己的努力才能得到。

否则，将来有一天你会后悔，因为你会发现，余生可比想象中的难多了。

哪有一帆风顺，都是百炼成钢

你说 >>>

一定要读热门专业吗？一定要挤进“大厂”才算有出路吗？一定要去北上广深吗？

喵喵说 >>>

海明威说过：“年轻时候在巴黎居住过，那么此后无论你到哪里，巴黎都将一直跟着你。”大城市有什么？有开阔的视野和广阔的空间。什么都见到了，就能减少偏见，全方位锻炼自己的思维。但无论是大城市还是小城市，也都很现实：只尊重成功。实力才是一个人最好的注解，其他你随意。只要够努力，你总会为自己赢来尊严、荣誉和更好的人生。

>>> A

前几天，正在考研和找工作之间犹豫不决的表妹在微信上问了我一句：“姐，北上广深到底好还是不好？我以后应该在三线城市‘躺平’，还是应该先去一线城市‘卖命’？”

怎么说呢……

我首先不主张妖魔化大都市，因为那里确实是让很多人的梦想开花结果的地方。

那里有年轻人最渴望的机遇和风口，可以 24 小时不打烊地供你使劲扑腾、开阔眼界、拓展人脉，搭建自己的社交圈。

那里有最前卫、最潮的话剧、展览，有空时可以随时去看看演出。出去吃个自助，自己喜欢的明星可能就坐在同一个餐厅，直线距离不到 10 米。

那里确实有很多很多人，或快或慢，一步一步，达成了比当初所设想的还要高的目标，扎根定居，成了新北京人、新上海人。

即便抛开以上这些都不谈，大都市最起码可以做到一点，那就是让你更深切地知道，什么是山外有山，人外有人。

>>> B

挤在北京地铁早高峰去海淀上班的人潮中，你有可能会遇见一个看上去 30 多岁的“眼镜男”，身材瘦高，头发稍微带着自来卷儿，有时候戴着一顶鸭舌帽，有时候手边有一个蓝色的帆布袋。他安安静静地坐着，手里捧着的，或许是一本波斯语原著。他十分专注地看着，车厢再嘈杂，身边的人再拥挤，似乎都与他无关。

你可能会问，会一门小语种的语言倒也并不稀奇吧？

但是，他会十二门。

他姓顾，是国家图书馆的一名馆员。

在国家图书馆工作了十二年，他靠自学，掌握了十多种语言，其中包括波斯语、阿拉伯语、希腊语、土耳其语、印地语、法语、意大利语……不是只知道“你好”“谢谢”“对不起”“再见”的略懂而已，而是真正可以做到听、说、读、写和翻译、研究文稿的那种程度，其阅书量之大就可想而知了。

在上下班的地铁上，在家与图书馆之间的循环往返中，他每天看的基本都是外文书，《荷马史诗》里的段落他随口就能用古希腊语给背出来。

基本上，他本人就是一座移动的微型图书馆和一部语言小百科。

他说:“我对书的爱很纯粹。”

他的生活经历很平凡，年轻的时候，他当过旅行社的销售，也做过奥组委的场馆管理，而最真实的他，就是一个简简单单、爱读书的人。对他而言，阅读就等于生活里的柴米油盐。

我不知道，站在这样的人面前，有多少人还有足够的底气敢说自己博览群书?

我知道他，是因为偶然看到了一部超高分的纪录片——《但是还有书籍》第二季，他出现在了第一集。这集的弹幕被“牛”疯狂刷屏，在底下的评论里，我翻到了这样两条。

一条是：哪怕是一辈子不吃不睡，我也赶不上一位看似平平无奇的“扫地僧”的脚步。

另一条是：永远可以为了一些纯粹的热爱，热泪盈眶。

对于这种素人的“神迹”，你说他是大隐隐于市也好，说他是高手在民间也罢，因为这都不妨碍，你在他身上看到平凡当中的不凡，看到自己和对方之间的断层式差距。

也许，这就是大都市常常让人不敢懈怠、努力上进的原因，因为不光是身边的同事、上司、朋友中有一些人极其优秀，一个不小心，就连大街上某个行色匆匆、毫不起眼的陌生人，单拎出来，可能也会以“碾压”或者“秒杀”的方式让你知道，“差距”两个字到底怎么写，而这两个字会经常提醒你：放低姿态，保持谦逊。

如果是一个比较有上进心的人，身处在这样的环境里，他眼睛里所看到的都是更高阶的目标。如果他本身再肯努力一点、勤奋一点、自信一点，最后，他够得到的高度自然不会差到哪里去。

退一万步说，虽然他永远也成不了下一个马化腾、雷军、何小鹏，但最不济的，他一定不会变成一只自以为是的井底之蛙。

他不会自视有点小才华，就对这个不服，对那个不忿。

不会取得了一点点所谓的成绩，就开始自动上头，无知地翘尾巴。

不会刚得了一笔项目奖，就以为自己已经脱胎换骨了。

不会被领导夸了一句，就真以为自己是无可替代的最强大脑了。

高山仰止，景行行止。

我敢打赌，那位让那么多人心生崇敬的国家图书馆馆员，心中也一定有他所敬畏的“高山”们。

从这个角度上说，其实，他跟乔布斯所做的事情似乎也没什么两样：Stay hungry，stay foolish（求知若饥，虚怀若愚）。

而这样的人，无论到了多大年纪，无论生活在哪里，总能找到最有力的支点，过好自己的一生。

>>> C

大都市有大都市的美好，当然，更有必要提醒你的是，那里真的没有生活版的《欢乐颂》。

你要做好充分的心理准备，因为B面的北上广深，不会给大家“群发”奇迹，更给不了所有人高光，很可能你再怎么努力，也不过是勉强过着再普通不过的人生。

所以，不是所有人都能一路坚持下去。

所以，要想好。

北上广深，是你的存款就算有七位数你都不敢裸辞。

是从入职到离职，很多人甚至都没有互加过微信，同事两三年了还没问过对方老家在哪里。

是你没挤碎过茶叶蛋、没挤丢过背包挂件、没扯断过耳机线，那都不叫经历过早高峰。

是你随便叫个网约车，开车的司机都可能是曾经年入数千万的公司老板。

在北上广深，你会发现，比原定的时间晚到十分钟，会被上级主管阴阳怪气地追着骂了 7 条朋友圈。

你会发现，传说中“五彩斑斓的黑”“热热闹闹又简简单单”，原来已经是挺具体的甲方需求了。

你会发现，比自己先来公司两个月的“前辈”，不只是有好看的皮囊，还有开了窍的“演技”。

至于当初想扩展的人脉和资源，你会发现，在一线城市，高端商场的茶座里，三三两两“闲聊”着的其实是过亿的项目，顶奢级消费商场的品牌店即便在周一到周五的工作日，也永远有人在排队限流进店。这些所谓的“人类高质量社交关系圈”的确真实存在，问题在于，一个普普通通的打工人压根儿就沾不到边，融不进去。

换句话说，大多数人所接触到的“人脉”，根本就算不上人脉，仅仅是人而已。

>>> D

当初，一个朋友一毕业就拎着个小行李箱去了上海，当了沪漂。

每天在高级的soho写字楼里进进出出，抬眼望过去，窗外就是外滩。

他想象着下了班可以泡泡吧，逛逛街，遛遛狗，看看电影。

事实是，租房子住的时候，他在一年内最多搬了7次家。等到终于买房了，他每个月的工资除去交房贷也所剩无几了，吃穿住用、旅行、应酬的所有开销不是靠项目奖金，就是靠拼命接私活儿或者来回拆借信用卡来解决，否则就只能啃老了。

所以，在他的“生活”里，除了工作，还是工作。

前两天，我看见他发这样一条朋友圈：“我感觉自己每天不是站在平地上，而是站在滑坡上，拼命地向上挣扎，才能艰难地留在原地。”

人生啊，如果真的想要“赚”到点什么，总没那么容易。

看看晚上10点地铁站外成片成片的电动车，就知道有多少人还没回家。他们可能还在灯火通明的办公楼里加班，开会，做方案。

但你要问他们后不后悔、想回老家吗？很多人都会说不会，因为即便不来这里，我们的人生轨迹也不会尽是坦途。

这个世界上，从来就没有什么一帆风顺，都是百炼成钢。

我希望，不管现在正在哪个地方努力奋斗的你，最后都会看到你最想看的风景。

希望有一天，你的工位不再是那个小小的格子间，你的角色也不再是人生游戏里面的 NPC（非玩家角色）。

你的付出，就是你的生活

你说 >>>

理想很丰满，现实很骨感。这个世界有太多的怀才不遇，你要认。

喵喵说 >>>

能力、才华和魅力这些东西，就像黑暗中的光一样，只要你有，哪怕非常微弱，总会有人发现，也总会有人被吸引。如果你觉得自己特别优秀，又没有被任何人发现，最大的可能性是你还不具备这些东西。怀才不遇的本质是才不够。

>>> A

朋友说，最近，她一个亲戚家的儿子正在找工作，有一次，她去他家里送东西，就和他聊了两句。嚯，这一聊不要紧，她的三观简直是被无情碾压了。

那男孩找到一份带试用期的工作，但是只做了两个月就被劝退了。据他说，公司的人太欺生，大热天让他去给客户送资料；老板太狠，动不动就让加班，明明做得挺好的文案还老是被挑毛病；家离公司那么远，每天那么辛苦，迟到两次就开始被拼命扣钱……

朋友就问他，那公司应该也有人住得和你一样远，甚至比你远吧？人家也都是常常迟到、被罚钱的吗？你的文案后来有人帮你改吗，改得怎么样？

结果，当朋友一翻开他那版文案时就立刻明白了—— 简直了，做得就跟初中三年级的黑板报似的，花花绿绿，水平完全谈不上专业，根本就没法拿给客户看。

可怕的是，他的母亲还在一旁抱不平，说现在的公司和老板就不能人性化一点儿吗？怎么就不能多给新人一些机会，多给一点儿适应的时间？

在那一刻，朋友内心最想说的就是：拜托，别再找客观原因了！你能力弱你有理？你吃不了别人都能吃的苦你有理？你轻言放弃你有理？规章制度清清楚楚，对每个人本就该一视同仁，你又凭什么认为人家就应该一次又一次宽容你，就该给你一次又一次的机会？

很多人都会抱怨，为什么生活没有变成自己喜欢的样子，为什么老天总是不公平，为什么理想很丰满，现实却总是很骨感，为什么我们总是有做不完的工作、吐不完的怨气、减不完的肥。

抱怨之后，有的人终于败下阵来，认命了，放弃了。可你要知道，世界上最简单的事情，其实就是放弃。

不想读这本书了，你可以当场就合上书，钻到被子里睡大觉；

不想工作了，觉得太辛苦，老板太狠太苛刻，客户太刁钻，你可以立刻辞职，连头也不回；

不想恋爱了，烦了，累了，你可以说分手就分手，恢复单身，拥抱自由；

不想跑步健身了，你可以马上停下来，从此以后再也不进健身房，那双运动鞋连碰都不会碰。

瞧，这些都是多简单的事儿，旁边的人甚至都懒得多说一个字。

可问题来了：凡事都有一个但是。但是你如果坚持下去了呢？你坚持把书看完，你坚持把文案改好，你坚持对恋人好一点儿、耐心一点儿，你坚持跑步……你所看到、得到的东西或者就真的不一样了。

未来还很长，如果你这也放弃，那也放弃，后面的结果会是什么？人，只有坚持到最后才有放弃的权利，然而在你放弃以后，你将再也没有弥补的机会了。

有朝一日，当你的枕头里藏满了发霉的梦，你的梦里住满了无法拥有的人，这样的日子，又怎么会好过？

你可以选择放弃，但你一旦选择了就不要抱怨，因为这个世界最公平的就是，每个人都要通过自己的努力去决定生活的样子。生活不是游戏，那是真枪实弹的战场，当初糊弄过去的东西，总有一天会露出马脚，找上门来。

人生路上，没有人去替你思考，更没有人去代替你吃苦，当努力和信念融为一体的时候，才会让你活出与众不同的人生，达成那个你渴望许久的愿望。

所以，在能吃苦的年纪，不要选择安逸。或许，时间和生活的神奇之处就在于，我们沿途付出的辛苦，都会在前方的某一个转弯处变成绽放的鲜花和掌声，而那些苦只要少吃一个，可能就没有今天的你。

所有的梦想都不会在我们睡一觉醒来就会自动实现，在吃过很多苦、经历过很多煎熬之后，你所积蓄的能量会像阳光一样，驱散你前行路上所有的阴霾，让你和那个真正想成为的自己欣喜相逢。

>>> B

有时候你会发现，不是所有的忍耐都会苦尽甘来，不是所有的付出都会换来成功。他人随随便便就能获得的，于你而言或许永远只是个梦。

你或许会心生挫败，但是人生向来都是顺境与逆境交错，你经历的那些痛苦，其实也暗藏着进阶的道路。

很多努力，你在当下看不到结果，但它并非毫无用处，它只不过是被你储存在一个罐子里。当有一天，你需要这些知识和经验来帮助自己的时候，就可以打开罐子，找到它来帮你。

努力和不努力的人的区别就在于，你打开的罐子是空的，还是满的。而那种满的罐子，是会让人有安全感的。

人生从没有事事如意，计划永远赶不上变化，只能以不变应万变。我们没有预知未来的能力，不知道机遇和挑战哪一个先来临，但是临渊羡鱼不如退而结网，即使全力以赴也没得到理想的结果，可是谁又知道生活会不会在下一个转角给你惊喜呢？

泰戈尔曾说，不要着急，最好的总会在最不经意的时候出现。

那么，按照这个逻辑，我们要做的就是：怀着希望去努力，再静待美好的出现——没错，最关键的前提还是你得努力。

你改不改变、努不努力、优不优秀，全在于你自己为此付出了多少心血。至于别人，他不喜欢你，他会不会忽视你的存在，这都不是你能左右的。若是因为别人的忽视而自暴自弃，放任自己，让自己堕落，那么，过得不好的人最后还是你自己。

聪明人不会让任何人、事、物成为自己不思进取的借口，实际上，没人该为此负责。而你只有变得更好、更完美，别人才会重视你、尊重你，你也才有资格影响别人。

所以，为了自己去改变吧。

有一份自己努力从事的工作，买得起自己真心喜欢的东西，去得了自己一直想去的地方。你不会因为任何人的来或者走，也不会因为任何事的发生和结束，而损失掉生活的质量。你花的每一分钱都底气十足，说的每一句话都心安理得。

这，就是我们应该努力的原因。

别矫情，也别老说什么人心叵测、奇迹难觅，你要知道，所谓的奇迹，也不过就是努力的另一个名字而已。

若是将来有一天回头去想，你在哪里遇见了哪一个人，有过什么故事，一切都像是早已经注定了的，正是因为有了那些人或事，以及你以往所有的点滴积累，才能一步一步把你塑造成为今天的样子。

在你获得成就之前，所有的一切都是为了考验你是否拿得住，而一切不能把你打倒的事物，都会让你变得更加璀璨。

不公平
也可以是件好事

你说 >>>

人生总是很无奈，很多时候必须要说服自己，生活是没有公平可言的，有些人就是比你有天分，有些人的人生就是比你省力，比你光鲜。

喵喵说 >>>

很遗憾，会这么想的人，后来的命运是这样的：那就是哪怕给你一张女神的脸，给你一个富贵卓越的家世，你也未必过得好这一生。

>>> A

朋友跟我讲了一件她办公室里发生的事。

女孩小Q没有什么坏习气，长相清秀，穿着素净，话不太多，但也绝对算不上孤僻冷傲。至于工作的态度和能力，可以说是认真勤奋，表现优异。至少，表面上看的确是这样的。

可是，因为小Q开着一辆比较高级的德系车，于是，问题来了。

小Q升职加薪了，实际上，同时升职的人并不只有她一个，但是小Q却似乎成了被八卦、被揣度的对象。有的同事会在背地里议论，说她一定是私底下给领导送了大礼，请领导吃饭套近乎来着，大家水平都差不多，凭什么好的项目全都有她的份儿？

但据朋友看来，根本就不是那么回事。

小Q是独生女，家境殷实这并不假，但还算不上什么富二代。车是父母送的不假，本来父母是想给她在公司附近买一套公寓的，这样她平时上下班也很方便，而且地段好的房子一般也不会贬值。可她并没有同意，买房子这件事呢，她还是想靠自己。

她觉得，自己所在城市的房价不像北京、上海高得那么离谱，只要肯好好工作，自己努力赚钱交个首付款应该没什么问题，不想让父母帮忙太多。

至于工作能力，从事设计这一行的，永远都是创意为大。小Q就属于思路比较开阔的那种，总能提出一些组里的人想不到的细节和亮点，而且在文案质量、画图水准和执行能力方面又全都是可圈可点、游刃有余，从来都没出过什么疏漏。

所以，她被当作好苗子重点培养，真的一点儿都不稀奇。

职场里，最可怕的事不是你工作能力和别人有多大差距，而是你把别人凭实力得到的嘉奖都归结为旁门左道靠关系，把自己的碌碌无为都归结为“时运不济”，一味把自己当作所谓“不公平”的牺牲者，这才是最可怕的事情。

这个世界上最残酷的事情之一，就是那些比你起点高、颜值高、智商高的人，真的比你更努力。真正过得好的人，外在的条件为他们铺的路其实很有限。说到底，每个人过得是好是坏，能起到决定性作用的，终归还是自己。

关于小Q，还有一件事也值得说。

当初面试的时候，小Q看见自己桌子上的水杯留下了水渍，她身上又没有带纸巾，就向身边的女孩要了一张，但是她把一整张纸巾分开，只用了一半，把剩下的一半整整齐齐重新折好，收了起来。

在她走出房间以后，面试她的人事主管就说："这女孩子，一定得把她留下。"

其实别人都不知道，主管本来是不打算聘用小Q的，原因还是出在那辆车上。因为面试当天，小Q在找位置停车的时候，主管的车就在她车的后面，当她停好车下来的时候也刚巧被主管看见。主管心里的一个想法是：这姑娘年纪轻轻的，说不定又是个不好伺候的富二代。

后来熟悉了以后，主管还和她聊起过半张纸巾这个细节，可她似乎已经完全忘了，笑了笑说："是吗？反正不该浪费的就别浪费嘛。"而且，小Q并不是出门必须开车的人，她其实喜欢环保出行，面试那天她之所以开车，真的是因为她面试以后还要去机场接人。

>>> B

我一直都很好奇，类似于"美女都娇气""努力的女生都不好看""有钱人家的孩子都吃不了苦"这样的逻辑到底是怎么来的。就像热衷于摄影的朋友，通常会对一种看法十分无语：看别人拍出了好看的照片，觉得与技术无关。第一感觉是别人的相机和镜头高级。

这是很多人的一种惯性思维，把他人的好和成就都归结为外因，而不情愿把自己的碌碌无为与自己的不努力联系到一起。

人最怕的并不是没有握住一手好牌，而是不管自己手里的牌是什么，只盯着别人的好运，没有看到别人的努力。一个看不到也不相信努力的意义的人，是可悲的。

所以，这世界上最没营养的一句话就是：人家天生丽质，人家家里如何如何，我要怎么比？

心理暗示真的是一个很诡秘的现象，它会在潜移默化中，把一个人慢慢塑造成他所预想的某种样子。

“看吧，没背景、没资历、颜值不高、智商一般……可这不怪我啊。”所以，有人能够允许自己懒，也允许自己不认真。

而我想问的是：这究竟是什么鬼逻辑？不正是因为没有别人的优势，才应该更加努力的吗？

人家不眠不休备考的时候，你在干什么？

人家辛辛苦苦每天坚持跑步健身的时候，你在干什么？

人家绞尽脑汁查资料、赶方案、改方案的时候，你又在干什么？

有多少人，一边抱怨命运的不公，为什么没有让自己生得一副好皮囊，也没有出生在富贵人家，而另一边仍照旧，每天熬夜看剧到天明，睡觉睡到日当午。

别人每天都比她早起一个小时，她看不见，也看不上；别人在最想放弃的时候多坚持了一下，多勇敢一点儿，她看不见，也看不上；别人承担了更多更大的任务和责任，她还是看不见，也看不上。

可以想象，数年之后，当别人过上想要的生活、得到喜欢的东西时，她看见了，眼红了，但她觉得人家靠的只是背景、关系、颜值、算计。

人的精力都是有限的，如果用百分之五十的心力感慨命运的不公，计较一时的输赢，用百分之四十的心力嫉妒和评价别人，剩下的百分之十才用来改变现状，怎么能支撑起来百分百的饱满人生?

不妨放眼看一看，在你工作或者学习的圈子里，埋头苦读、努力上进、性格温婉的女孩子其实不在少数，她们比谁都清楚，更好的生活一定是要靠大脑和双手来争取的，而不是单靠运气或者别的什么。

毫无疑问，我们都应该更靠近另一种生活的姿态：不卑不亢，多关注自己的成长，而不是别人的“好命”。

每个人都是在各种不公平和起起伏伏里跌跌撞撞。一时的不公平，并没有强大到可以左右一切、摧毁一切；一时的输赢，也不会剥夺任何一个人向前奔跑的权利。

人生的起点会有一定的差距，这是每个人都必须接受的事实。然而，在一时的不公平和输赢之外，你可曾扪心自问过：自己应该付出的那一份自我修炼，是不是尽力而为了呢？

命运对不同的人生有不同的安排，但只要你努力，你一定能在自己的能力范围以内，给自己最好的安排。其实，你并不是没得选，你在每一天都有选择做什么、不做什么、做到何种程度的机会，不是吗？也正是这些选择一天天积少成多，才成就了我们每一个人的人生。

年轻的时候觉得这个世界很不公平，后来发现这个世界就是不公平，但不公平也可以是一件好事，它会让你别无选择，只能更加努力。

一个人真正的成熟，往往从忘记公平和输赢，埋头走自己的路开始。专注于自我成长，而不是外界的干扰，这是一种特别重要的能力。

所以说，总有一天，你的棱角会被外面的世界磨平，不再为一点儿小事大动肝火，也不再为一些背后的算计愤愤不平。你会拔掉身上的刺，你会学着对讨厌的人微笑，变得波澜不惊，你会渐渐变成一个不动声色的人。

这未必不好，甚至是一个必然会到来的过程，但前提是，你始终相信努力的意义，依然对未来保有着自己的好奇心、创造力以及想象力。

有一天，你会发现，年少时候的梦想、年老时候的好奇心，多美好……

和喜欢的一切在一起，跟年纪没关系

你说 >>>

躺在你小学作文本里的那篇《我的理想》，你大概早就忘了吧……

喵喵说 >>>

《阿甘正传》里，当别人问阿甘“你长大以后想成为什么人”的时候，你还记得阿甘是怎么说的吗？

他说：“什么意思？长大以后，我就不能成为我自己了吗？”

人之所以累，是因为越来越不会做真正的自己。你要知道，上天既然给了你一次生命，便自有它的道理，而你总要试着开辟出一条自己真正喜欢的路，才算值得。

>>> A

首先声明，以下不是广告。

当你路过东京银座的铃木大楼时，可能会瞥见一家亮着暖调灯光的小门店，落地的玻璃窗内大概只有一个人影，手捧着一本书，低着头认真阅读。

于是你以为这是一家书店，抱着随便逛逛的心态走进了这家店。结果你发现，这家店实在太小，大概也就只有几平方米。没有书架，唯一的家具是一张年代感十足的桌子，正是这家店的收银台。除此之外，墙上倒是挂了几幅画。

你感到疑惑，门脸上明明写着“森冈书店”，可是什么都没有。要知道，在寸土寸金的东京银座，即使再小的店面，也不敢这样“浪费”金贵的空间。

其实，这真的是一家书店，老板是一个叫森冈督行的年轻人——“一室一册·森冈书店”，意思是“一间房，一本书”。这如果不是世界上最小的书店，也必然是世界上藏书量最少的书店。

森冈书店每周只卖一本书。在这里，读者没有任何挑选的余地，他们只能选择买或不买，但通常情况下，踏入书店的人走的时候都会带走这本书。

这不是一个噱头，而是森冈督行在电子书盛行、网络购书成为主流、实体书店纷纷倒闭的当下，为读者提供了新选择。森冈督行和他的团队每周精心挑选出一本好书在店内售卖，再根据这本书构建一个相关主题，策划一系列与这本书有关的展览、活动、对话，而这些体验是读者无法在网络上获取的。

其实，很多人进书店并没有抱着明确的目的，他们不过是来挑挑拣拣，遇到一本好书也成了一件需要碰运气的事，没准儿在千挑万选之后，还是选到了一本烂书。

所以很多时候，他们总是会在几本书之间纠结，就好像买菜一样，牛肉看起来新鲜一点儿，但我好像更想吃猪肉。纠结了半天，终于把猪肉买回家，才发现这块猪肉竟然是注了水的。

数量繁多的书籍，常常使读者迷失其中。森冈督行想做一件事，挑选新鲜的牛肉，剔除注水的猪肉，帮助读者做出选择。因为他明白，收藏一件精品，比收藏一麻袋的垃圾要有价值得多。

其实，你大概已经明白，我想说的无非就是：你的生活应该是你“精选”之后的样子，那样的生活才是你自己的，也才真正值得一过。

当然，现在的你，年轻又彷徨，你想法很多，迷茫也很多。

但正因为是这样，更要请你记得，别急着把太多的人和事请进生命，要学会专注，学会拣选，甚至学会舍弃和拒绝，并为此负责。

>>> B

我们常常会遗憾甚至埋怨自己从事了一项与自己最初的兴趣完全无关的工作。这常常就是人生最吊诡的地方。你最喜欢的事，一般不会成为你的工作或者职业，所以，你总觉得自己怀才不遇。

可是，换一个思路来看呢?

你有没有认真想过，喜欢的事成了自己的事业，也不见得是一件多美好的事。你要知道，基本上，任何领域都有自己既定的规则和体系，也会有很多很多的条条框框，而它要为你提供生活所依赖的物质保障，就必定要求你足够专业。可是，一旦如此，长年累月下去，原先被加之于爱好之上的那些纯粹的喜欢和兴致，那些因为距离产生的美感，就很容易被磨平，被消耗。

所以，哪怕是你眼中最幸运、最无忧无虑的人，也依然需要在自己的本职工作之外，找到可以大胆安放自己灵魂和精神世界的家园。

工作永远都只是人生的一部分，在它之外，你要为自己保留一点儿真正喜欢的东西，去做一点儿你真正想做，并让你觉得十分享受的事情。

你不会依赖它养家糊口，然而，正是它无法供养你而你依然如此喜欢，你就不能说它是无意义的。那是任何物质都无法衡量的东西，而连物质也衡量不了的东西，你说，那有多可贵？

无论人生的际遇如何，你要相信，你想得到什么，总得拿出点儿别的什么代价来当作交换。毕竟，那个更好、更美、内心更有力量的自己，从来不是平白无故出现的。

记住，你拥有什么，才有资本换来什么。

所以，别总是遗憾自己怀才不遇，也别总是羡慕别人如何光鲜亮丽，每一种生活都有它自己的美丽与哀愁，也都有你必定要承担的东西。

最后你会发现，罗曼·罗兰有一句话说得真精辟：“这世上只有一种英雄主义，那就是在认清生活的真相以后，依然热爱生活。”

不要只是热爱，
要去真的做点儿什么

你说 >>>

有的时候真觉得自己就像一个华丽的木偶，背上有无数闪亮的银色丝线，操纵着你的一举手，一投足，去完成被设计好了的所有悲欢离合。

喵喵说 >>>

是木偶也好，是风筝也罢，自己的日子终归还要看自己怎么去诠释。如果仔细想一想，人生的哪件事是等你选好时间、挑好人、什么都问清楚了、什么都满意了以后才发生的？

谁的人生都不是量身定制的，所以才会有那么多的奇迹和惊喜发生。

>>> A

“人的潜能是可以挖掘的，当你要说太晚了的时候，你一定要谨慎，它可能是你退却的借口。没有谁能够阻止你成功，除了你自己。”

我相信，曾经有一段时间你也和我一样在社交网络上看到一个须发花白，但身材、肌肉却让年轻人都觉得汗颜的老爷子，而上面的那段话，正是出自他口。

如果动手查查相关资料，最基础的信息就是，老爷子王德顺已经八十多岁了，依然活得精彩纷呈。他老本行是话剧演员，四十四岁学英语，五十岁健身，六十五岁学骑马，七十八岁骑摩托，七十九岁登上了时装周 T 台，一夜爆红。

对，一夜爆红，但是毫不夸张地说，在这一天之前，他足足准备了六十年。如今，他的日常是拍电视剧、演电影，外加游泳等运动，以及和老伴儿带带小孙女。

这个世界上，最可爱的，就是这种反差吧。生而自由，老亦自由，自由得像个“亡命之徒”。

反观我们自己的生活，有多少人其实只是在假装彪悍，总是一边抱怨事情来不及做，一边却又懒惰地滑动着手机屏幕浪费着分分秒秒；总是抱怨自己得到的太少，却不愿去想是否有过相应的付出；总是抱怨运气不好，却不肯承认运气的眷顾也要建立在足够的努力之上。

无论什么事，无论太晚或者太早，都不会阻拦你成为你真正想成为的那个人，这个过程没有时间的期限，基本上，只要你想，随时都可以开始。

我们就来算一笔账好了。

你想考一个执照或者学一样新的东西，不管是跳舞也好、乐器也好，但是你犹豫了，你说你已经三十五岁了，学完就四十岁了。

可事实就是，你不去学，你五年之后也同样是四十岁啊？事实会向你证明，如果你不努力，几年以后的你，还是原地踏步的你，只是在迅速地老去。

所以，不要只是热爱，要去真的做点儿什么。

当然，很多事我们控制不了，我们最后所走的路，也会远远不同于我们最初的设想，而我们唯一能够做的，仅仅只是做好自己，抓紧时间，少矫情，多做事，珍惜每一个还在身边的人，避免制造更多、更深的遗憾。

>>> B

你以前想过，二十五岁之前要极尽疯狂，看一场超赞的演唱会，来一场说走就走的旅行，交一个随时可以互黑互损的死党，在电影院里放肆笑、痛快哭，玩一个嗨到爆的通宵，酩酊大醉一次，谈一场疯狂却无果的恋爱。二十五岁之后要结婚生子，敬养父母，烹调打扫，工作读书，你要收起棱角，藏起疯癫，安稳生活，岁月静好。

可是一步步往前走，你不妨再回头看一看，想一想，这世上有什么事是一步步完全都按照你的意愿和设想，等你把一切都准备好了才发生的？

当你在面临一些重大选择的时候，你会觉得还没有准备好。你思来想去又觉得前面困难重重，问题很多。可事实就是，哪怕是给你再多的时间去准备、去计划、去设计，到了最后，你依然会觉得还有一些方面欠妥，依然会问题叠着问题，让你担心，让你不安。

这就是生活，它永远都没有“万事俱备”这件事，永远都会有新的问题冒出来。所以，有些决定，做了也就做了，迟迟不做决定的结果，也只能是越来越不安。

时间啊，从来都是美人脸上的一把刀，英雄鬓上的一缕白。挺过去，便是好汉豪杰，天将降大任于斯人也；妥协了，那便是败寇，壮志难酬。

所以，如果你想要做什么，那就大胆去实现吧。至于那些欲走还留的旅行、犹豫不决该不该换工作、一拖再拖的事情……你以后有了更多的牵绊，让你后悔的一定不是你做过什么，而是很想做但却没做过的什么。

相比于其他，我更希望你能勇敢一点儿。

二十几岁，我们也许贫穷，却拥有着放肆去畅想未来的资本。

二十几岁，我们也许幼稚，却一天天积蓄着走向成熟和强大的勇气。

二十几岁，我们也许笨拙，却坚信一定会迎来一个越来越好的自己。

二十几岁，以年轻的名义，多想、多试、多做，丰满起自己的羽翼。然后在三十岁之前，及时回头、改正。从此，褪下幼稚的外衣，努力做一个有智慧的人，开始担负，开始征服，开始顽强地爱生活、爱世界。

远离消耗你的人，靠近滋养你的人；

回避让你不开心的事，接触让你喜悦的物；

把别人的闲言碎语看淡些，

把精力用在让自己增值的事上。

当你决定主动改变时，好事总会更快降临。

TWO >>>

改变自己
不是因为你能做什么，
而是你该做什么

既然谁都可能失败，

为什么偏偏会是你呢？

既然一定有人可以，

为什么不能是你呢？

这个世界不只看脸、拼家世，

它更看实力。

光吃一堑，没长一智

你说 >>>

初入职场，常常会遇到这样的处境：明明自己已经很努力了，为什么领导就是不满意呢？我很羡慕那些脱颖而出的人，反复问自己：什么时候才能等到自己被认可的那一天？

喵喵说 >>>

做事要以“可交付”，而不是“我尽力了”为标准。如果你的付出只是机械化的重复而没有任何突破，那就是原地踏步。真正能决定一个人职场高度的，是你能创造多少价值和利益，而不是你能付出多少时间和真心。不必急于证明自己，不必害怕失败，所有的闪闪发光，都是一步步成长起来的。

>>> A

小尧，闺蜜的弟弟。基本上，也算是我从小看着长大的。

他虽然不是什么学霸，但从小到大成绩一直没离过大谱，高考超常发挥，上的是985院校。大学没挂过科，人也比较勤勉，该考的证都搞定了。至于性格和情商，他算不上“社牛”，但三观和修养都绝对没问题。总而言之吧，他大概就是属于那种在人群中不会太冒尖，但各项“指标”也绝不拉胯的“大多数”。

我一直以为，小尧毕业以后会从事一份相对稳定的工作，首选就是考公务员或者事业编之类的，但他没有。他去了杭州，进了一家海报设计公司实习。然而，第一个项目就让他体会到了什么叫自信“跌停”——前后交了13稿方案，被毙了13次。

一切似乎都跟他当初想象的不太一样。

原来，“有什么不懂的可以随时问我”只是一句礼貌的客套话而已，真去问的时候，老员工对新人的指点可能就只有寥寥几个字，大部分的门道儿得靠你自己悟。

原来，领导并不会因为你是新人就真的把要求降低一大块，如果想不出让客户满意的创意，你加再多的班都一样——只是在浪费公司的电而已。

小尧不是一个玻璃心的人，公司交给他练手的项目也不是十万火急，但问题也正出在不是十万火急上——公司给了他两周的时间，算是十分充裕了，加上他自己主动加班，前后分批做了13稿海报，但在客户那里无一“幸存”。

可以猜到，面对这种情况，家人差不多会这样安慰他：“没关系，刚毕业嘛，肯定很多东西要学，慢慢来。”而我的看法就是，以后等你经历得多了，就会慢慢明白一些事实。

事实就是，换作你是上司或者老板，当员工给你交上来一个过不了关的方案、脚本或者项目书，如果是因为时间太赶、人手不够，你尚可接受，可如果员工告诉你，他已经很努力了，他这几天查了挺多资料，请教了好几位同事，连着加了好几个晚上的班才做好的，你会怎么办？

在一个公司的管理层看来，可怕的并不是你经验不足、方案做得不好，真正可怕的是，其实是你即便已经如此努力，但做出来的东西真的只能这样了。所以，我首先肯定你的确很拼，但是很遗憾，我更需要看到你在这家公司的发展潜力和未来的升值空间。

基本上，经过几次类似的事件，这样的员工最终是去是留，对于一个没有太多耐心来培养新人的公司来说，答案已经显而易见了。

>>> B

通常来说，每个公司都是唯效率论、唯结果论的。它可以接受员工是个不太听话的“魔童哪吒”——工作不能侵占我的生活，我拒绝任何形式的加班和变相加班，但在工作时间内，我可以很好地完成自己分内的工作，高效且优质。

一个公司也可以接受“老黄牛”，踏实认真，态度靠谱不作妖，工作能力也跟得上，而对于新人而言，公司最看重的还是你的自学力和适配度，就像小尧和那家公司，一方真的有在努力完成项目，另一方也给出了一定的发展的空间，双方都没有太大的问题，只不过磨合出来的结果并不理想而已。

在又换了两家公司，熬过了一段深陷自我怀疑的时间，人瘦了一大圈之后，小尧依然没有去考公务员和事业编，他尝试去了一家广告设计公司。结果，就像钥匙开对了门锁一样，一切开始慢慢进入正轨，他陆续做出了几个很不错的案例，一步步成为那家公司最年轻的高级项目主管。

两年后，小尧被挖到了上海，目前的职位和待遇是部门副总监。

>>> C

人生的路，真的好像一张藏宝图，你会在哪一站捡到宝贝、拿到锦囊、踩中机关、找到出口，都说不准的。

在“寻宝”闯关的过程中，每个人所遇到的困难模式是不一样的，而我想告诉你的就是，命运其实很偏心的，有时候，它会不厌其烦地在一个人身上制造困难，不管做什么都是沟沟坎坎的，气得你恨不得一天怒摔八回键盘。

然而有时候，它却一个劲儿地给另外一些人叠加优待，颜值高、能力强、性格好，毕业学校是一流名校、工作单位是世界500强，简直就是零短板。你不得不严重怀疑，上帝既然给他敞开这么多道门，可到底给他关上了哪扇窗？

显然，我们当中的大多数都属于前者，跌跌撞撞地长大成人，一张白纸似的踏进职场，赤手空拳地开始闯关，谁也不比谁幸运多少。

但是三四年之后，差距就出来了。

有人来到了公司的中层，有自己的团队，有丰厚的薪金，有拿得出手的漂亮案例。

有的人，已经注册成立了自己的公司。

而还有人，依然稳定地保持着“互炒”的频率，新公司换了一家又一家。

也许对于现在的很多人来说，工作就只是工作，而非事业，大半年内换个两三家公司的情况并不稀奇，理由嘛——工资少了，不满意；人际关系太卷了，不行；受甲方委屈了，走人；经常加班太累、通勤太远了，干不了。

换工作可以，关键是，换了之后你成长了吗，成长了多少？

初入职场，走走弯路、踩几个雷、交点学费都不可怕，可怕的是光吃一堑，没长一智。

我相信，小尧在最初工作的那几家公司里被反复毙稿的时候，他想的是自己在哪里做了太多的无用功；想的是这次跟客户沟通的问题出在哪，下次该怎么说服他；想的是对方想要的“更商业的感觉”到底是什么；想的是怎么跟同事交流，好让他们多指点自己；想的是如何让自己的情绪更稳定，而不是跟着别人的节奏走。

我同样相信，现在的他，面对的是更苛刻的老板、更难搞的客户、更难拔的钉子，但是，清晰的逻辑、准确的预判、专业的建议、稳定的情绪足以让他做到让老板放心，让客户信任，让下属服气。

人的情商、格局、创意、观察力、自控力，这些看不见、摸不着，却又往往比技术层面更关键的东西，都是需要时间、生活甚至是挫败来慢慢供给和滋养的。

所以，我们和这个社会的磨合过程会很痛苦，但是，那些被逼无奈的努力，那些受挫之后的反思，才会带给你想要的东西。

希望，目前手无寸铁的你，可以早点找到自己人生藏宝图里的宝藏。

也希望你早点明白，那些用放弃、偷懒、躺平换来的舒服，不一定是真正的舒服，而你用吃过的苦换来的成长，一定是真正的成长。

改变自己不是因为你能做什么，而是你该做什么

你说 >>>

生活常常是这样，你所失去的，命运会用另一种方式补偿。桂花枯萎的时候，菊花便又亮了秋妆。

喵喵说 >>>

总有一天你会明白，其实，你所失去的，岁月并不会以另一种方式补偿，而得到补偿的人，都是在时间里，用更好的自己去重逢。

>>> A

同学的弟弟刚刚大学毕业，找了份工作，然后天天一回家就喊累，说自己为了能把方案做好，已经改了不知多少遍，可是结果总是不行。

其实，我的角度可能和他不太一样。劳苦就等于功高？我想你可能是误会了。如果一篇小短文你要来来回回修改三十几稿，一个 PPT 你要改四十几遍，这能证明什么，你很努力、很刻苦？倒也未必吧。

我们来打个比方好了。

你想想看，如果一个人的脸上动了几十次整容手术会怎么样？他原来的样子还在吗？估计跟换了颗头一样，早就变成另外一个人了吧。

所以同理，改得太多，那也意味着你从一开始就做得不专业、不走心，甚至意味着你资质平庸，意味着你在浪费上司和同事们最为宝贵的时间和精力。

话说回来，这份工作你之所以做得如此吃力，会不会是因为你当初偷懒了？

蔡康永曾经写过：十五岁觉得游泳难，放弃游泳，到十八岁时遇到一个你喜欢的人约你去游泳，你只好说“我不会”；十八岁觉得英文难，放弃英文，二十八岁出现一个很棒但要会英文的工作，你只好说“我不会”。人生前期越嫌麻烦，越懒得学，后来就越可能错过让你动心的人和事，错过新风景。

真的是这样。

减肥的时候偷懒，夏天望着满大街大长腿的时候，你只能对着自己的肥肉生闷气。上学的时候偷懒，听说同学们一个个念名校、入名企的时候，你又只能在深更半夜里抱怨怀才不遇。

有的人，一辈子只做两件事——不服、争取，所以越来越好；也有的人，一辈子只做两件事——等待、后悔，所以越混越差。

平时总是爱说“反正以后的日子还多”，然而，当下有些机会你一旦抓不住就永远错过了。来日其实并不方长，那些你以为永远来得及的事情，就在你一次一次的“没关系”“等一等”里，再也回不来了，到了最后，你能做的也许只是一声叹息。

其实回头想想，没有去过自习教室，没进过几次图书馆，没加过几次班，没见过七点以前清晨的样子，结果当然就是什么都得不到。就这么简单。

所有偷过的懒，都会变成打脸的巴掌。

真正聪明睿智的人，是能够把时间当朋友，珍惜一点儿，再珍惜一点儿。有一天你会发现，在点点滴滴的生活里，我们生命中所碰到的一切美好的事物，真的都是以秒计算的。

>>> B

在这个世界上，能被人所仰望的始终是那一小部分人。真实的你，或许和大多数女生一样，身材过得去，性格、长相也都还好，以前读书的时候学校还不错，学习成绩在中上游，现在工资收入水平尚可，但心有不甘。

上天就是给了你一个普通人的人设，也许你的梦想是别人毫不费力就触手可及的，但这也没什么大不了的啊。普通人也有自己的路要走，而且你普不普通和你该不该努力之间，根本就没有必然的因果关系。怀揣着单纯的小梦想和小理想，把每一步走得踏实而坚定，这就是我们每个普通人的人生里最动人的地方。

这个世界上，想把日子过得精彩一点儿、舒服一点儿的人，必须做到两件事。

第一，安安静静、踏踏实实地保留一部分最想保留的自己，那是当你在遇到大事发生的时候，唯一能自救的东西。

人不能让自己一辈子活在羡慕里，奥黛丽·赫本在她自己眼里还有不少缺点呢，她说她不喜欢自己的脸颊太方，也不喜欢自己的鼻子太尖显得鼻孔好大。她觉得自己的刘海太稀疏，眉毛太粗。她太瘦，甚至平胸，而且相比于上身的纤细，她的腿由于多年的芭蕾训练则显得有一些粗壮。

可这又怎样？不管多少年过去了，我们依然留恋于她动人的一颦一笑。

第二，尊重一切的不尽相同，别把自己的想法和审美强加于他人之上，也别事事都被他人的想法所左右。

你要明白，每个人想要的生活都是不一样的，就像不是所有人都想当个闲云野鹤，云淡风轻，闲居在大理、丽江，开个咖啡馆或者书店，再养上两只呆萌可爱的小宠物。一定有人喜欢冒险和新鲜，宁愿跑起来被绊倒无数次，也不愿意波澜不惊地走完一辈子。

你觉得花瓶里插的几株小向日葵很洋气，很温馨，可是就有人觉得它们不好看；你觉得这件衣服从上到下土到不行，可是就有人觉得它漂亮又时髦。

这些不都是很正常的事吗？

在这个世界上，每个人的想法和要走的路都不会相同，更不会一成不变，而是经常处在不断的变化和调整当中。到后来，你终于慢慢发现，生活最有魅力的地方，就是它的多面且多变，而你总要允许并且尊重别人有和你不同的选择，允许别人走和你不同的道路。

曾经，我们可能和很多人一样，以为幸福就是大房子，是好车，是满桌子的珍馐佳肴。其实，最幸福的人生，是你活出自我，并且干净清爽，你在不知不觉当中，真正活成了自己喜欢的模样，做喜欢的事，爱想爱的人。

这样，才是最好的自己，最好的生活。

这世界不论男女，只看输赢

你说 >>>

你说，愿意在遇见那个人的时候花光所有的运气，倾尽所有的力气，一起承受岁月变迁，一起看着容颜老去。

喵喵说 >>>

其实呢，运气这件事，上天给谁的都不会太多，这世上也没有人能花光你所有的运气。真正对的人，一定会让你觉得，遇见他之后，好运气才刚刚开始。

>>> A

昨天睡觉前，微信的大学寝室闺蜜群里忽然热闹起来，因为小 A 发过来几张截图，是某男生最近和她的聊天记录。很明显，男生有意要追小 A，但是两人谁都不肯首先明确表白。

没等其他人先说什么，倒是群里的 M 看不下去，实在忍不住了就开起了玩笑：“我说大小姐啊，这要是放在每天晚上八点档的狗血电视剧里，你俩互相猜来猜去的故事就够磨叽上十集八集的了。拜托，行或者不行，你就赶紧给一个痛快话吧，好不好？”

其实，那男生是很优秀的一个人，他和小 A 能认识，还是因为在 M 结婚的时候，他和小 A 是当时的伴郎和伴娘。两个人无论是外貌还是家境，真的是蛮登对的，周围的朋友也是明里暗里在撮合。

然而，借用小 A 的话来说，她突然变得很纠结。她说，人有时候很奇怪，当初谈恋爱的时候不会去介意的东西，后来反倒会变得介意起来，就比如，甚至忽然会莫名其妙地介意起他的前女友来。

其实，我很能理解小 A，她其实代表了相当一部分人对于爱情的态度，年纪尚轻的时候可能敢爱敢恨的，爱了就是爱了，分了也就分了，不会想太多。

可人生一步一步往前走，内心的考量就会越来越多，一颗心在没彻底给出去之前，都被揣得紧紧的、攥得死死的，生怕再给错了人。而她之所以这么犹疑多思，说到底，还是因为她是真的认真了，走心了吧。

我们的害怕来源于心里不踏实的欲望，怕它们迟早就像泡沫一样，就算再美丽，依旧还是免不了一触就破的结局。

我们的害怕也来源于未知，不知道前面究竟有一个怎样的结局，在那个强大的未知面前，我们胆怯、迷茫、惴惴不安，生怕走错一步，就如同蝴蝶效应一般，一步步错下去。

但是，你不往前迈出一步，你就不知道未来究竟会发生些什么，至于到底是惊喜还是别的什么，其实到最后，你都应付得来的。

>>> B

我很想问你一个问题：孤身一人的晚上，你在上网的时候，能坚持多久不开声音？

美剧、综艺节目、访谈、英文演讲、电影、刚下载的歌……随便什么声音都好，你也不需要看画面，就只想身边有个动静。

单身的日子过久了，很容易相信一句话：这世界不论男女，只看输赢。

有的女孩说，自己是单身主义者，不想结婚。事实上，她是真的有足够的能力，让自己一个人也可以过得很好。

有的女孩说，她对婚姻不抱任何的希望和信心。她本身就出生在离异家庭，不巧的是，用心谈过的两次恋爱还全都遇上了渣男。

有的女孩说，她害怕，但不是害怕一直单身，而是和单身相比，她更害怕将就，害怕自己有一天会为了结婚而结婚。

都说爱情需要缘分，而缘分大概就是，这个世界上有那么多的城市，每个城市里有那么多行色匆匆的人，以及那么多的小店，而他却在那一晚，偏偏走进了你在的那一家。

然而，我想说，遇见充其量也只能负责给每个故事开一个头儿而已，无论你是单身还是已婚，若是想活得舒服一点儿，为自己找一个真正属于自己的栖息地，才是最基本的能力。

日本女作家新井一二三，她在《午后四时的啤酒》中描写了这样一个女子：

她每天上午跟大家一起喝咖啡，中午吃饭时也喝点饮料，但是到了下午就什么也不喝了。有一次别人问她口渴吗，她很昂然地回答说："当然非常渴。但是，渴了几个钟头以后才喝的第一口冰啤酒，我敢断定为世上最好喝的东西，着实称得上甘露。"

原来，每天下午四点，她比其他人早下班回家，在丈夫还没回来之前，先一个人坐在客厅沙发上，边看窗外美丽的风景边喝啤酒。

她说："很快就要开始做晚饭了，我自己闲坐的时间并不长。但是，我的生活，就是为了这一刻。"

其实，不管你有没有遇到，或者遇到了怎样的爱情，也不管你喜欢谁或者是被谁喜欢，那都不意味着你必须要失去自己。到最后，你会发现，生活最好的状态不过就是：一个人，安静而丰盛；两个人，温暖而踏实。

愿你不再错过，更愿你不必将就。

你真正喜欢和想要的，没有一样是可以轻易得到的

你说 >>>

我们都是世界的实习生，满怀期待地想要实现梦想，可这世界却告诫我们，你的梦想不值一提。你越想要什么，越不给你什么。

喵喵说 >>>

不要觉得自己的梦想不值一提，大大小小的不都是我们迫切想要的吗？如果你有想要的生活，那就努力让自己配得上它。最爽的人生，也无非如此：喜欢的东西买得起，想要的东西要得起；身上的才华，撑得起自己的野心；内心的欲望，也配得上自己的本事。

>>> A

你有没有过这种情况：

打开今天想看的书，看了两页，拍张照片，发了朋友圈，打了卡，然后等待着点赞评论，再抽个时间回复评论。等待与渴望被关注的时间一点一点过去，直到天黑了才发现，那本书一直就停在第二页上。

想学一门外语，看看时间还早，刷会儿电视剧。这个电视剧怎么拍的，情节都对不上啊，太无聊了，还是玩会儿游戏吧。游戏玩得差不多了，一看时间，已经半夜十二点了，算了，还是明天再学吧，反正也不差今天一天。

口口声声要减肥，却总是管不住自己的嘴，看到这家店要去尝一尝，看到那个好吃要买回来吃一吃，还不断地安慰自己，减肥也不差这一顿、这一口。

这是一个亲戚家妹妹的真实写照，最近她来我家暂住一段时间，说在家太舒服了，得换个地方改改自己懒散的状态，并让我督促她。

我确实督促了，但她每次都会找很多借口，什么拖延症啊，懒啊，人生得意须尽欢啊，各式各样，还附带着勇于自嘲的幽默感。

然后呢？她一边说着“唉，我也想改变啊”“我好迷茫，好无助”“我好惆怅，好无奈”“我也不想这样的”“我想做得更好，但就是找不到方向”，一边日复一日地重复。

结果直到她回家，我也没看到她有什么实质的改变。前两天还发微信给我，依然大谈特谈自己的迷茫。

怎么说呢，感觉她大部分时间都没什么做事的动力，但也不是丧，有点乐观，但不多；要说积极，也很少。倒是有意愿为了改变现状而努力，但也确实缺少想要再前进一些的行动。

人生是一个过程，该做的不做，想做的还不做，就等于白活。

这世界从来不缺想法，不缺梦想，也不缺计划，而是缺少行动。计划了很久要早起锻炼，在被窝里总可以找到理由放弃；梦想了很久未来要如何如何，在生活中却总是陷入斤斤计较、瞻前顾后，只剩下鸡毛蒜皮。

其实，当人生到了一定阶段你就会懂得，这个世界上最深的孤独和辜负，就是你明明知道自己的渴望，却对之装聋作哑。你心里明明就是知道的，什么迷茫无助，什么不知道路在何方，那都是自欺欺人，都是自己给自己找的借口，仅此而已。

人一旦为自己找到一个错误的借口，不久就会再为自己找到一百个借口。

这世上大部分人，第一眼就看上的衣服往往还买不起，第一眼就心动的人往往不会喜欢你。所以，你真正喜欢和想要的，没有一样是可以轻易得到的。但同时，你还要知道，世界不曾亏欠每一个努力的人，而这就是你要努力奋斗的理由。

如果你想要有所成就，就要放下那些迷茫的借口，积极地行动起来，如此才能收获你想要的。

>>> B

你在什么时候感到最无助、最惶恐、最不安、最患得患失？

是失恋还是找工作时四处碰壁？是刚刚毕业就成了两手空空的“月光族”，还是得知当年班里成绩和你差一大截的同学现在生活得比你好？

你是不是心怀不甘，急着倔强地想证明些什么，结果却总是不停受挫？

你是不是有点疲惫，坚持着、执着着什么，却总是一再失败？

你是不是有点灰心，前面的路似乎没有方向，徒留你一人孤身奋战，单打独斗？

基本上，每个人都会经历这样一个阶段——既向往远方，又渴望安顿；既害怕改变，又不安于现状。正所谓“心比天高，手无寸铁”，没那么多精彩，却有那么多无奈，简直尴尬至极。

说到底，你所遭遇的很多问题无非就是因为两个字——贪和懒。

因为贪，我们有过多不切实际的想法，稍不如意，各种嫉恨、负面情绪、负能量就伴随而来，整日低落消沉；因为懒，我们总是没准备好，总是慢人一步，总是优柔寡断，总是错过时机，总是不如意。

每个人终究都要为自己的人生埋单，或迟或早，而你总会明白这一句——自欺欺人找借口绝对是最愚蠢的选择。毕竟，哪怕你的种种理由说服得了别人，却改变不了自己的困境。

在梦想面前，还是要做个不知足的人，最可悲的状态无非就是既害怕这一生碌碌无为，还只能安慰自己说平凡可贵。

人这一辈子，一定会遭遇到一些事、一些人、一段生活，会让你饱受煎熬，这是上天为了成就你给你挖的一个陷阱，而你在里面的表现决定了你未来生活过得如何。

你冷静、理智，你积极、坚持，能够做到打碎牙往肚里吞，最后还能从陷阱里爬出来，离陷阱越来越远，你就赢了生活，赢了自己。可你要是爬不出去，那就是你的无底洞，万劫不复。

所以是时候了，要么让生活塑造你，要么去塑造你的生活。不要任性，不要矫情，要对自己狠一点，你需要的是真正的改变。

野心，梦想，底气，这些绝不该是说说而已的词，而是你未来的全部依靠。因为，你如何努力，未来便如何发生。

>>> C

心里带有火花的人，才能被点燃。

如果你心有不甘，那就踏踏实实去努力，去为自己创造更好的生活和境遇。世界那么大，人生的道路和选择又那么多，真的容得下一个有着自己追求的年轻人，去一步一步、认认真真地走向自己所设定的人生目标。

你不必有多么了不起的成就，只要你能够通过自己的努力把曾经以为的“不可能”变成“可能”；把以为的“做不到”变成“做到了”；把以为的“做不好”变成“做好了”就够了。

这样的你，走过人生的风雨之后就印证了这样一句话——生命中每时每刻你都会感到害怕，但是你从来没有让它阻止你做想做的事。

我们谁都无法选择出身和背景，却一定有足够的余地选择怎样过自己的生活。如果没有，那只能说明你还未曾真正尝试以及努力过。

你要深信，趁年轻时多一些努力，就多几分收益，没有什么比这个投资更划算了。无论什么时候，优秀是一个人最大的发言权——无论在哪里，能让你发声的机会，都隐藏在你的才华和本事里。

人生中所有的目标都是自带光环的，但目标的魅力却并不在于光环有多么耀眼，而是你真的让它有实现的那一天。

你想过上什么样的生活，那就从你想要的那天起，快马加鞭往前走，自己去奋斗、去获得吧！记住，每个人的前路都有沟壑，跨不过去就是苟且，跨过去了才叫远方。

能让一个人闪闪发光的，不是某项高雅的才艺，也无关乎漂亮与否，而是任何年龄、任何阶段都认真努力的态度。同样的日子，因为你对自己有要求，对未来有追求，有想变得更好的心及行动，整个人就会耀眼起来。

就算身在黑暗中也不要忘记发光，因为每个人都是自己的发光体，有时越是身处黑暗，发出的光芒反而越强烈。

“未来”这个词是不是听上去就很美好？可是你别忘了呀，每一个我们所期待的美好未来，都必须有一个努力的现在。

一定会有人喜欢你
最真实的模样

你说 >>>

有人说，一生至少该有一次，为了某个人而忘了自己，不求有结果，不求同行，不求曾经拥有，甚至不求你爱我，只求在我最美的年华里，遇到你。

喵喵说 >>>

爱上一个人的感觉就像是在赌，押上的是自己的时间、精力，还有一整颗真心，到最后，有的人赢得盆满钵满，也有人输得分文不剩。

所以，别说你不求回报，真相就是：上了赌桌的人，没有一个想空着口袋走。

>>> A

我认识一个女生，她曾经暗恋同院系的一个比她高两届的学长，然后就悄悄用“正”字记录着与学长见面的次数，一直记录到他毕业离校。

为此，她去加入他所在的社团，她去报名参加他主持的院系文艺活动，她也会去他比较常去的图书馆自习室。到那位学长毕业的时候，她的“正”字都写到四十几个了，但却始终没有去表白，始终就是那样不显山、不露水地默默喜欢着。

也不是没人问过女孩是否觉得遗憾，女孩没有回答，就只是微微笑了笑。那笑容，干净又好看，好看得出奇。

我忽然想起当时学长毕业以后，她曾经在朋友圈里转发过一段话，她说：“‘我喜欢你’这四个字，可以是贯穿一个人的一整个青春的秘密。但是，哪怕再怎么遗憾，你心里仍然该知道，这世上的所有巧合，不过都是另外一个人的用心而已，只是，不想懂的人，永远都不会懂。”

嗯，的确。

有些人，大概永远都成不了那种会追求别人的人，不是因为不够爱，也不是放不下矜持，她只是更相信自己的感觉——那个

人，真的不会爱上她。

刚上大一的时候，她脸上带着一点儿婴儿肥，谈不上胖，顶多算是“微胖界”女生一枚。但到了学长毕业的时候，她已经成功地蜕变成了一个标准的修长型美女。

但在不可能喜欢上你的人眼里，你的一切变化都是被自动屏蔽掉的。

说到底，人人都是一样，只有对自己真正喜欢的东西才会特别上心。真的喜欢一个人，你一定会不由自主地注意对方在哪里、忙不忙，最近是胖了还是瘦了，想知道对方有没有烦心的事儿，需不需要帮忙，而最关键的，他一定会想着怎么能和你多靠近一点儿。

相反地，如果他连一丁点儿的表露都没有，那么，那个人也就真的不劳你费心了。

>>> B

爱情里，其实有很多的分工，有人负责追，有人负责躲。

你总是有一大堆一大堆的话想告诉他，可他却常常只是

“哦”“嗯”“是吗”“呵呵”，一个字两个字地回复你。你以为，男生大概都一样，只是不喜欢打字而已。

直到有一天，你发现他在回复别人的时候，打字的速度原来可以很快很快。

瞧，这就是喜欢和被喜欢之间最大的区别吧。

其实，他都已经敷衍得这么明显了，你怎么可能看不见？而你还是不甘心，还是想赌上一个万一：万一我们最后真的在一起了呢？

人人都是这样，明明知道关灯玩手机伤害眼睛，还是习惯在睡觉之前玩上好一会儿；明明知道抽烟有害健康，可还是戒不掉；明知道碳酸饮料并不健康，可还是忍不住想喝；明知道零食吃多了会胖还是忍不住想吃；明知道熬夜会伤身体，可还是爱晚睡。同样的道理，明明知道他不爱你，你心里却还是抱着一线希望。

可是你有没有想过，基本上，世界上的每一句话都可以有另外一种解释。

比如，人家说“我单身习惯了，暂时不想谈恋爱”，其实，他只是不想和你谈恋爱。

又比如，人家说“我想奋斗事业，暂时不想谈恋爱、结婚”，拜托，他是要当下一个乔布斯、比尔·盖茨还是马云，世界都要因为他而改变？

一般情况下，会这么说的人，都在印证着一个事实——他并不喜欢你，至少没那么喜欢。或者，等他遇到一个真正喜欢的、心动的人，一切问题就都不是问题了。

所以，你也就大可不必整天想着要去如何温暖他、感化他，基本上，你的这些努力最后都是徒劳的。

很可能，你小心翼翼的暗示他全明白，你有意无意的潜台词他全都听得懂，你费尽心思的付出他也都知道，但他就是无动于衷，就是按兵不动。

这并不是在玩什么斗智斗勇、欲擒故纵的心理游戏，他只是不喜欢你，不愿意给你没必要的希望，仅此而已。

一个人如果真的喜欢你，你的任何要求都是可爱的、合理的；但如果他不喜欢你，你的任何要求就都像是无理取闹，也无关紧要。

所以，如果可以，不要和一个自己很爱，但是却不那么喜欢自己的人在一起。因为你会发现，基本上，那只是一个反复证明对方并不爱你的过程。

很久之后，你一定会发现，这世上的人，走进你心里的，不一定非得留在你身边。所以，如果能用他所希望的方式把他放在心里，也不赖。

后来，当你放下了那个连前任都算不上的人，你会遇到一个人，愿意吼着五音不全的嗓子给你唱情歌，愿意在大雨滂沱的时候把你安全接回家，他爱着你，全心全意。

他的手里像是拿着一个彩色颜料盘，把你黑白的人生描绘得五彩缤纷。

请你相信，爱人和好酒，时间都会给你。

你来人间一趟，
不是为了出尽洋相

你说 >>>

你说，我不管其他人如何如何，我始终觉得，爱一个人就是要不顾一切，就是要把我攒了这么久的温暖和宽容，眼泪和笑容，好脾气和孩子气，一下子全都给他。

喵喵说 >>>

你之所以这么想，是因为你尚年轻。一场爱情，它也许不是败在距离，不是家庭背景，也不是小三，而是你爱对方多过爱自己。你迫切地在对方身上寻找更大的意义，而不是如何让自己本身更有趣、更丰富、更值得人去爱。

爱上一个人，先试着爱到七分吧，留下三分用来爱自己，那也是留给对方畅快呼吸的空间。

>>> A

H 跟男朋友分手了，因为她发现对方劈腿了。

按理说，H 应该二话不说先甩他个巴掌，然后一顿痛骂，转身就走，但 H 终于还是忍不住，傻傻地问了对方：“你为什么选了她，放弃我？”

男生说：“对不起，你想听真话吗？好，因为你真的太独立了。生病了宁可自己一个人撑着去医院看病也不会告诉我让我陪你，下雨了回家不好打车也不会打电话叫我接你，受了什么委屈宁可一个人掉眼泪也不会跟我吵、跟我闹。

“我和朋友打游戏几天不见你，你实在想见我了就跑来给我送零食。你对我几乎有求必应，可基本上从来都不跟我提别的要求，看上了喜欢的小玩意儿也从来不会撒娇，说想要这个、想要那个。”

男生又说：“你知道吗？我喜欢这个女孩就是喜欢她的无理取闹，她让我觉得我是个男人，我可以帮她担事儿。

“她闯了祸第一时间会跑来跟我哭，我给她解决；她生气了会跟我吵跟我闹，会躲在我怀里放声大哭，我费好大的劲儿才能把她哄好，可是那一刻我却好有成就感。

“为什么你总是不表达、不生气、没脾气？为什么你总是想自己去搞定所有的事？

“对不起，你太独立了，独立到我觉得你根本就不需要我，没有我，你可以生活得很好很好，什么都能自己搞定。可是她不一样，她更需要我，离不开我。”

瞧，遇到了渣男，往往就会得到一个这么渣的分手理由。

有些善良的好姑娘，从小到大都不爱撒娇，后来却发现，原来，撒娇太管用。有时候，爱撒娇的姑娘只要软软糯糯的一句话，笑一笑，别人的心当时就化了，就这样，自己反而被衬得粗糙又坚硬。

但我想说的是，撒娇和撒娇可不一样，有的撒娇如果换个说法，没准儿就是作，而我也从来不信什么“会撒娇的女人最好命”。那些好姑娘，你好好保护着自己的独立和强大，一定会遇到对的人，欣赏你，守护你，陪你一起嬉笑，风雨同路。

所以，好姑娘，把马尾扎高，把淡妆仔细画好，把烦恼收拾好，洒脱一点儿。

要知道，从前那个想笑就笑的你，多好。

>>> B

我们都在花费大量的时间，在爱情里去寻觅另外一部分的自己。有人比较幸运，在年轻又美好的年纪里，遇见了那个人，你们彼此出现在人一生当中最容易被辜负的时光里，却终究没有辜负。

但也有的人，在度过了漫长的岁月之后才终于遇见。然而最可悲的就是，有的人，从找到那个人的瞬间开始，慢慢地就失去了自己，变得完完全全以对方为中心，变得失掉了自己原本的生活。

不管你是男生还是女生，也无关已婚或者未婚，都应该有自己的喜好，有自己的原则，有自己的信仰，有自己的圈子。你要尽力保持住最真实的那个自己，因为道理只有一个——只有当你自己的心里有余裕，才能愉悦自身及他人，不出洋相。

换句话说，人啊，身上所有的焦虑和戾气都是自己亏待自己作出来的，你的生活究竟是精致崭新的小洋装，还是糙得直扎人皮肤的粗麻布袋，全凭你如何取悦自己。

珍视自己，才是生活；知道自己希望被怎样对待，才会真的幸福。

其实，取悦自己这件事，当你试过了也就知道，它根本就没有那么难，甚至并不需要太大的成本。

最基本的，平时知道用一点儿香水，好好打理头发，买自己喜欢的衣服，读自己觉得有意思的书。慢慢地，你会变得落落大方，简单而又低调，利落而又干净。

更高级一点儿的，你可以学会两个拿手菜，不是为了伺候谁、取悦谁，就是为了当所有人都没在你身边的时候，依然能善待自己挑剔的胃口。

你学一学画画，不是为了成名成家，而是在自己家里的某个位置，能摆上一幅自己亲手画的作品。

你学会开车，也不是为了跟风和炫耀，而是不管在任何时候，只要你想自己一个人出门时更加自由。

人啊，只有在最自信的时候才可能是最美的，我们也只有对自己足够好，才能一直优雅到老。

举个最简单的例子，就像你特意为谁剪短、为谁蓄起长发其实都有一些可笑，其实根本不需要找那么多外在的理由。突然喜欢长发了那就留，怀念短发了想改变那就剪，讨好自己，就是最好的理由。

说得极致一点儿，这种自信就像是你在心里告诉自己说：

“我此生未必非要结婚，但是我绝对会买一辈子的 *VOGUE*，美美到老。”

当然，对自己好、爱自己，并不等于变得自私、自我姑息、自我放纵，而是成长为自己心中喜欢的样子，不慌张，不畏惧，不辜负。

当你开始真正爱自己，那些欢乐、有趣的事自然就会接踵而至，以你的方式、你的旋律、你的节奏。

有一天，如果有人问你，你曾经做过的最酷的一件事是什么？

我希望，你脑海里浮现出来的画面，是当年理直气壮地对那个错的人说了一句：“噢，实在不好意思，我最重要的事是取悦自己，而不是取悦你。”

这个世界上确实有很多事情，

不管你多么努力都实现不了，

正因如此，必须努力的时候绝对不能踌躇。

THREE >>>

别把这世界
让给你鄙视的人

你来人间一趟，不是为了出尽洋相，

不是为了活成被人鄙视的样子，

更不是为了把那个答应过自己要得到的世界拱手相让。

你来人间一趟，是为了享受美好，

是为了绽放，还有荣耀。

别把这世界
让给你鄙视的人

你说 >>>

张爱玲说，出名要趁早呀！来得太晚的话，快乐也不那么痛快。

喵喵说 >>>

任何一句话都是有语境的，也并非适用于所有人。

这是一个最好的时代，有更多机遇，有更多选择。可这也是一个最坏的时代，诱惑、浮躁和迷茫也是史无前例的。

也许眼下很多努力和坚持看似会被浪费，但就像很多你突然间明白的道理，一定都有伏笔。时光一去不回，你所付出的分分毫毫，终有一天会变成打包到来的惊喜，而你又何必着急？

反正，踏实一点，总没错。

>>> A

随着年龄的增长，从二十岁奔向三十岁，青春的热血总会慢慢凉下来，从锐意进取变成了只求安稳，这到底是好还是坏呢？

闺蜜的妹妹，“90 后”的姑娘，毕业后考上了公务员。最近，她突然说辞职就辞职了，因为她觉得自己的生活实在不是自己想要的，就索性跟着朋友一起创业，开起了婚纱店，而且真的发展得挺不错的。

闺蜜家里是属于经济条件很好的那一种，所以基本上，她妹妹在做一些决定的时候没有太多的后顾之忧。但是，很多有着和她相同想法的人，可就没那么走运了——就让那个我心心念念要过的生活，再多等我两年吧。

所以现在有很多人，一边感叹着自己的生活怎么总是如此乏味，日复一日，竟无半点不同，另一边看着像闺蜜妹妹这样，把生活折腾得有滋有味的人就又会无比地羡慕。

其实，像这种敢折腾又会折腾的女孩，大都并不属于表面上你所看到的那种冲动型的，她所做的打破和重建都并不盲目，也不任性。哪怕是没有家里当后盾，我相信，她也不会甘于在一成不变的安逸环境里被束缚太久的。

但最关键的是，在她身上，任何年纪、任何失败可能都不会让她轻易放弃，她最让人触动的，是有着无限的可能性和旺盛的生命力。

当然，别误会，我并不是在鼓励每个人都把辞职当个性，把冒险当儿戏。

我不知道，现在有多少人的心理状态都是既追求诗和远方，又向往平淡流年；既渴望功成名就，又甘于暂时蛰伏。所以，当那句“世界那么大，我想去看看”在突然间蹦出来的时候，太多人的心似乎一下子就被这简简单单的十个字给狠狠戳到了。

你向往诗和远方，这完全没错啊，但是当你牙一咬、心一横，决定递交辞职申请之前，你不妨一条一条地说说看：

你的卡里究竟有多少存款？出门是坐飞机头等舱、高铁还是火车硬座？旅行回来之后能不能很快就找到比原来更好的新工作？你计划着去这个远方那个远方，那你的父母呢，他们已经过了大半辈子的人生了，又都去过哪里？

这些问题，你都答得上来吗？

趁还年轻，我们都想有更多不一样的经历，想去闯、去试、去拼。的确，你可以选择，但是每个人的条件、需求、能力都不一样，想走的路也不同。要知道，他的选择未必就适合你，你的选择也未必适合他。

所以，在选择之前请切记，选择不仅仅意味着选择，那也将意味着你要做好准备并对此负责到底。

人，尤其是在年轻的时候，特别容易犯的毛病之一就是眼高手低，做决定的时候太想当然，然后在不如意或者是受挫了以后，又喜欢把一切归结于背景、颜值、体制，甚至行业大环境不好。

其实，职场、生活可以复杂，也可以简单，拎得清主次，不怨天尤人，不投机取巧，埋头走好自己的路，才是每个人的明智之选，也是对自己的未来负责。

没错，我的意思就是：不希望你急功近利，不希望你在最应该奋斗的年纪选择了安逸，不希望你把这世界让给你鄙视的人。

人肯定是会渐渐成熟起来的，你对待人情世故会越来越宽容，不乱发脾气，也逐渐学会了忍让。你最大的心愿变成了全家人身体健康，相比当初迫不及待要去闯荡的心，你更希望花十分之九的时间，在温柔的灯光下，与家人一起吃一顿舒心的粗茶淡饭。但在此之前，记得，你有很多很多的小怪兽要打。

等到你千帆过尽之后，该得到的都得到了，你才有得选，你才最有资格说，有点儿累了，不喜欢的都不要了，归于平淡吧。

总而言之，你追求岁月静好、现世安稳这没有错，但也许不是现在—— 别把人生的顺序弄颠倒了。

当有一天，你把你喜欢的、想要的全部经历了一遍，你才最有资格说，噢，其实我可以去选择平淡一点儿的生活了。

那个时候，你才有机会选择是继续扬帆远航，还是过平淡流年，这都凭你 —— 你升到了那个高度，自然也就拥有了主动权。

>>> B

当你看到那句“再不疯狂就老了”，你会想些什么？

有时候想想，年轻多好啊，我们可以为了看一部电视剧整夜都不睡，可以为了心爱的人辗转反侧，可以笑得很傻很天真。我们总是可以有各种各样的梦想，我们会在字条上写下我们的小心愿，尽管现在可能都已经想不起来了。

可事实上，没有人能永远停留在那个年少轻狂的年纪，你必须要学会长大，学会一个人去接受意外、误解甚至是背叛，学会接受所有的不快乐和心酸，学会接受努力了却未必会得到回报，学会接受世界的残忍和人性的残缺。

这世上没有多少人是真的含着金汤匙出生的，看到这些文字的你应该也不是。我们其实都很平凡，是那种到人群里一抓一大把的普通人，日复一日，踽踽独行。我们没有出众的样貌可以让别人羡慕，我们也没有出众的才华让别人嫉妒，我们更没有出众的家庭条件，让自己可以比别人少奋斗多少年。

可是，这不代表我们应该妥协。

瞎混一天和努力一天看不出什么差别，三天看不到任何变化，七天也看不到任何不同，但是一个月后就会看到话题不同，三个月后会看到气场不同，半年后会看到一定距离，一年后会看到人生道路不同。

你继续堕落下去的话，你的天赋就会被全部收走；你身边原本比你差的人，靠努力超越你；甚至你曾经鄙视的人，也会让你望尘莫及，你继续差的话真的没人会等你。

所以不要逃避和妥协，不要麻木和随波逐流，要往上走，为自己的梦想奋斗。即使有人亏待你，时间也不会亏待你，人生更不会亏待你。

请你相信，只要你还愿意为自己继续努力，世界就不会吝啬给你惊喜。

也请你相信，只要你不断努力着，那么，人生最坏的结果，也不过就是大器晚成。

有些心愿，
真的只能是心愿

你说 >>>

如果我的世界曾经有那个人出现过，其他人都会变成将就，我不愿意将就。

喵喵说 >>>

不管有没有那个人出现过，我都希望，你没有把自己的人生过成一场将就。毕竟，到头来你也许会发现，将就是比遇不到更令人绝望的事儿。

>>> A

闺蜜曾经谈过一段恋爱，男生的自身条件还不错，是那种比较踏实的类型，当初追她追得特别殷勤。但相处了一段时间以后，她还是选择了分开。那是她的初恋。

记得在很久很久以后，有一次我们一起看了一部青春片，聊着聊着我就问她，是不是每个人永远都会怀念那个啃了半个月的馒头咸菜，就只是为了请你吃一顿大餐的人？

朋友说，当然会，我会一直怀念，但不后悔离开。

怎么样，听起来是不是太现实、太作了点儿？别急，请你接着听我讲完。

闺蜜提到了初恋时候的那个男生，她说：

“没错，他很好，而且我也特别相信，他以后一定是那种会常记得给我买新衣服，自己却乐呵呵地穿着一年前旧款的人。他会把菜里最好吃的东西挑给我，会把西瓜正中间最甜的那一块挖给我，煮个面一定会给我加个荷包蛋。他恨不得把他全部的好都一股脑儿地塞给我，只要他有。

“我早就习惯了晚睡，于是，他改了作息，每天陪着我熬到

深夜。我问他困不困，他就说：‘陪你嘛，怎么会困？’

“我无辣不欢，可他明明就不爱吃辣还陪着我吃，结果很多次都会弄得他自己肠胃不舒服。诸如此类。

“可是我真的希望，爱情应该更对等一点儿。

“有些时候，我觉得这样的恋爱谈得太沉重了，沉重到假如以后有一天，他稍微忽略了我一下，我可能就会觉得很失望，就会很不安，甚至小题大做。对于他而言，这真的并不公平。

“有的人常说，和谁谁谁在一起，我可以什么都不图，就只是图他对我足够好、足够用心。但是后来你就会发现，这种想法恰恰就是最要命的，说得狠一点儿，这就是典型的‘很傻很天真’。因为一旦有一天，哪怕‘对我好’这个基座只是轻轻地颤动一下，一切就可能会像多米诺骨牌一样，都开始变得不对劲了，坍塌了。”

我不得不承认，她的想法还真的是蛮有道理的。

一段健康、良好、正常的关系，并不是不顾甚至牺牲自己的需求去满足对方，而是要尊重对方的不同，同时有能力表达自己的需要。

每个人对爱情的期待和设定都是不同的，有些人渴望被照顾、被宠爱，她理想中的爱人是付出型的，但对于另外一些人而言，她理想当中的爱人并不是付出型，而是理解型的。

你可以不用对我无微不至，可以不细心、不温柔——我并不是依赖型的人格。感冒吃药、阴天带伞、按时吃饭，这些事我自己原本就可以搞定，不必别人整天帮忙操心。

但是，你一定不能在我丢了东西已经着急到不行的时候火上浇油；不能在我迷路、忘事儿的时候喋喋不休；不能在我情绪都快要崩溃的时候还是满口埋怨；不能在我看《理想国》的时候说："你看的这些书都没用，女孩子就应该多看琼瑶、张爱玲、三毛。"

总而言之，三观不同，一句话都嫌多。

你看，很多时候，打败爱情的未必是缘分，而是既选错了对象，又用错了方法，所以，你所付出的，未必就是人家想要的。

这也就是为什么在这个世界上，不是一个好男人就能让一个好女人幸福的原因。

>>> B

不知你是否觉得，爱情和饮食之间，好像存在着某种相似相通的地方。

小时候，你最讨厌吃香菜，连它的味道都闻不得，你坚信自己这一辈子都会和它势不两立，水火不容。但是忽然有一天，你竟然疯狂地迷恋上了它。

小时候，你最爱吃西红柿炒蛋，以为自己这一辈子都会爱吃。可等你长大了，不爱吃了就怎么都不爱吃了，没有预兆，更没有理由。

你没错，香菜和西红柿炒蛋也没错，错的，就只有那些自以为是的一辈子。

喜欢过的人，大概也是如此吧。

曾经，我能在模糊不清的照片中一眼就认出你的侧脸，我能在嘈杂的声音中分辨出你的咳嗽声，我能在毫无准备的情况下，一听见你的名字就条件反射般地迅速回过头。可那又怎样？

曾经看到钱锺书的一句话：爱情多半是不成功的，要么苦于终成眷属的厌倦，要么苦于未能终成眷属的悲哀。

来人间走上一趟，每个人的一生里，可能都会遇见一个没有办法在一起的人，很多时候，我们觉得那是无法抵御的强烈爱情，最后经历悲痛和分别，以为人生的遗憾不过如此了。

然而时过境迁，一晃好几年过去以后，再回望那些岁月，说不定，你竟然很想要感谢当初那份不得已的选择。因为你开始懂得，原来，没有办法在一起的人，一定就是错的人。

我们都是在渐渐成熟了以后才发现，曾经说着要地久天长的人，好像已经没什么联系了；曾经幼稚地暗暗喜欢过的人，早就没了当初的那份怦然心动的小感觉；曾经那样为之动心动情的人，竟然变得没那么特殊了，你甚至已经想不通，自己当初怎么会那么执着地去爱一个人。

不管经历过什么，遗憾也好，无奈也好，有些事，根本就不会按照最初设定的路线走下去，有些心愿，真的只能是心愿。

这些爱情里面看似不圆满的结局让人禁不住怀疑，那些光芒万丈的人出现在我们的生命里，然后又消失，这究竟有什么意义？后来我明白了，其实，故事的本身就是意义。

喜欢过一个在自己眼里曾经那么光芒万丈的人，这一点儿也不可怕，因为在那段时间里，你一定会想变得更好，想把自己所有的好都留下、扩大、延长，想把自己变成一个同样光芒万丈的人，你觉得，只有这样才不会辜负这段相遇。

不管结果如何，遇到了能够让你倾心付出和如此喜欢的人，都是一种运气，能遇到就是欣喜，就会让你得以成长，也都值得你好好珍惜。

我多想那时的我，能留住那时的你

你说 >>>

你说，缘分兜兜转转，注定在一起的人，不管绕多大一圈，依然会回到彼此的身边。如果最后好好在一起，中间大起大落、关卡重重也没关系，只要结局是喜剧，过程让我怎么熬都行。幸福可以来得慢一些，只要它是真的，晚一点儿，也真的无所谓。

喵喵说 >>>

我并不否认，有的人几年如一日才攥到手里的，或许是真正的爱情，但那一定不是最好的爱情。最好的爱情是不会让人如此大费周章的。要知道，如果经历的过程太磨人，基本上，你最后得到的已经不是当初想要的样子了。这世界上最可怕的一件事就是，有些东西你终于得到了，才发现，有些人和事，真的再也回不去了。

>>> A

加完班回来，我累到不行，本来一心只想早点儿去见周公，但却被一条朋友圈弄得彻底没了睡意。

这条朋友圈是小C发的，原来她的异地恋已经开花结果。小C说："四年，火车票、飞机票就快装满了一盒，想吃大餐、买漂亮衣服的钱，一大半都贡献给了中国移动还有中国铁路。现在，'我为你翻山越岭却无心看风景'的四年就快结束了，希望我们能拉着手，一起去往更好的未来，希望所有像我们一样的人，熬过了异地恋，就是一生。"

配图是一个很好看的盒子，里面是满满当当的各种票根，盒子的旁边，安静地放着一对戒指。

说实话，在所有的朋友当中，我曾经认为小C是最不可能先结婚的一个。即使我们谁都无法否认，这个世界上一定有跑得赢时差、撑得过距离的爱情，但我的确曾经真心觉得，这样的爱情，成功率并不高。

异地恋，这是很多人当下正在经历的一种恋爱状态吧，那是怎样的一种感受？

有的人说，有时候，我真的会羡慕你身边的所有人，可以每天都能见到你，和你打招呼；

有的人说，每次遇到好吃的、好玩的，哪怕再想要和你分享，你都不在我身边，只能想着下次等你来的时候一起吧，在那一瞬间，心情跌到谷底；

有的人说，火车站和机场，成了让我又爱又恨的两个地方。

既然说到机场，那就索性再多啰唆一点儿。已经忘了在多久以前，我曾经看到过这样一个故事。

一对恋人在机场分手，女生对男生说："你别等我了，这真的没有意义，我们不会有结果，就像机场永远等不来火车，我们以后也不会有交集的。"

可是后来，当地有一项工程竣工了，火车站和机场合体，实现了自由换乘。据说，参与设计这个工程的工程师，就有当年的那个男生，而该工程的地点就是上海虹桥火车站，以及和它连在一起的虹桥国际机场 T2 航站楼。

毫无疑问，这是一个带着浓重的传说和演绎色彩的故事，可是，面对这样的故事，我其实已经完全不想去求证它背后的真伪，反正，如果多一点儿这样的故事，不是也很好吗？

在机场等一艘船、在码头等一列火车，的确将会是徒劳无功的，但是，爱情这件事呢，奇妙就奇妙在想坚持的人，永远都能找到坚持下去的理由，而不想再坚持的人，也同样能找到不再坚持的理由。

有人会说，谈恋爱嘛，就应该要经历一下异地恋，体会一下欣喜忧愁无从分享，欢笑落泪不能拥抱，隔着屏幕、隔着电话、隔着快递联系，直到你思念得近乎发疯，直到你学会拒绝诱惑，学会处理和安排好一个人的时间，学会照顾自己。

只有这样，你们面对面的每一个拥抱才会更加用力，朝着白头偕老的目标一步步走下去你才会更加感恩。

异地恋不只是考验着双方的耐心，也考验着自己的坚定——是的，我们在坚持的，是别人无法体验到的爱情。

你们可以先不着急，你出去继续深造攻读你的学业，他也去忙他的项目、报表、会议，总有一天，你们会窝在同一张沙发上，看同一部电影，分享同一首歌。

当然，也一定会有人反驳：那是没发生在你身上你才会那么说。异地恋、异国恋发展到最后，当两个人都身心俱疲的时候，内心有一种声音也越来越强烈：

算了，分开吧，我是真的累了，我感觉我们之间越来越陌生，越来越远，这种在最想见、最需要的时候见不到的感觉，真的越来越糟糕……

对此，我只想说，别总是把异地想得多么可怕，近在咫尺的爱情也可以在你的眼皮子底下悄然变化，一言不合就决定分道扬镳了。而那些距离再遥远的爱情也同样可以修成正果，只要他相信，只要你坚持。

“大一初见，大二在一起，毕业后开始异地，一个大连，一个北京。我们曾经一度决定分手，但是却发现，即使分隔再远，依旧对彼此深念不忘。后来，还是他来了大连。

“初遇那年，我们都是十八岁的年纪。我们互相陪伴着，度过了生命里最美好，也最颠沛流离的那段时光。唯愿余生，可与彼此携手白头，不负相爱。—— 致自己，致我们。”

这是我曾经看到过的一段文字，作者信息不详。

所以，只要你还深信，只要你觉得值得，那就一定有办法，去追求一个美满的结局。

如果追根究底，这世上所有的那些败给了时差、输给了距离的爱情，说穿了，还是因为不够爱吧。

>>> B

曾经以为世界很美，生日的时候许下的愿望会实现，过去的事情会永远记得，喜欢上谁可以喜欢一辈子，糖就一定是甜的。后来我们知道了，习惯可以改，糖原来也有酸的，牵了手的未必就能一辈子，喜欢的人也可以不在一起。

真正经历过分手的人都知道，和电影、电视剧中各种撕心裂肺的桥段不同，现实当中的分手现场可能难免会有争执、有争吵，但哭天抢地、你死我活的情况其实并不多。

有的女孩子说，当他提出分开的那一刻，其实我心里仿佛正在经历着一场地震、海啸，但我真的就是那样静静地坐着，没有任何人知道。然后，就淡淡地说了一句“好啊”，多一个字都没给他。

所谓的长大、成熟，就是当情绪到了一种极致，你很想说一长串的话，去揭穿、去解释、去痛诉、去发泄、去挽留，但是这些话到了嘴边却自动就停了。

因为在那个当下你忽然彻底明白，两个人既然已经没有了再继续下去的任何必要，那么多说一个字都是多余的。至于此后，是平庸是惊世，是绚丽是落魄，是风是雨，都再与你无关。

你认为这是冷静也好，是装酷也好，反正，就是会有这样的人。

我们早就过了那个拉着对方的袖口求别走的年纪，如果有一天，我爱的人要离开我了，我可能都不会非得要一个原因——既然对方已经决定分开，就必定是准备好了理由。

当初的那些爱与爱过，不管是一往情深，还是信誓旦旦，当一切都已是往事，我们谁也不必再回头。至于往后的日子，我会希望你过得好，但不必让我知道。

有些爱情，就好像新长出来的指甲，该剪的时候就剪掉吧，不会疼的。

最大的安全感，
其实是可以接受任何的结果

你说 >>>

我相信，两个人在一起的时候，开心是真的，心酸是真的，为你流过的眼泪是真的，想和你在一起一辈子也是真的。只是，谁都逃不过一场命运，如果最后真的没能在一起，希望彼此还能做回朋友，而不是最熟悉的陌生人。

喵喵说 >>>

其实你是知道的，一场恋爱更像一场赌局，而赌注就是从成为情侣的那一刻起，你们就永远做不回曾经的朋友了。所以，“分手了依然是朋友”只是说起来让人舒服一点儿的傻话而已，概率太小，它就和“谁谁谁买彩票中了五百万”一样，想想就好，当真就大可不必。

>>> A

我这几年陆续参加过好几次婚礼，几乎所有的誓词都很相似，但有一次真的很特别。

前阵子朋友结婚，在婚礼上，她说：“首先，我非常非常非常爱你，但是如果有一天你真的爱上了别人，请你一定要坦白告诉我，我放你走。”

有人说，爱情里最棒的心态就是：我喜欢你，我的一切付出都心甘情愿，你若无动于衷，我便对此绝口不提，但如果刚巧你也同样喜欢我，我当会十分欣喜。

所谓“深情而不纠缠”，我做好了要和你过一辈子的准备，也做好了你可能要走的准备。

或许，你会禁不住有些许怀疑，如果真能够如此毫无得失心，像是坐在随时都可以撤退的位置上，不伤筋不动骨，也许，还是因为不够爱吧。毕竟，没有多少人真的能做到像她这样进退得宜，收放自如。

但是事实上，我真的不得不说，比起别的，这种“我不会成为你的束缚”的爱情观，其实要来得更加妥帖自在。

这是一种很微妙的安全感。你看，最初我们都会以为，自己变得更好了、更厉害了就会有安全感了，和喜欢的人相处，就不会那样患得患失了，后来才知道并不是那样，起码并不完全是那样。

任何时候，如果太执念、太想占有，就一定会没安全感，所以，最大的安全感，其实是可以接受任何的结果——对，我很喜欢你，但是并不害怕失去你。

爱情这两个字，永远都没有一个既定的标准和固定的模样，每个人、每个时代的爱情观也都是不一样的，你所欣赏的、适合的方式，未必就适合别人。

所以，很多人都说，爱情真的像是一场赌博，赌注有大有小，赔率也有高有低，但实质上，我们都是拿出了自己的运气、时间、青春甚至一辈子在赌，赌自己的选择没有错，赌那个万一实现了的天长地久。

如果回过头想一想，上学的时候遇到不想背的题，就会安慰自己：这道题简直太变态了，一定不会考的；虽然天气预报说今天有雨，但出门太急忘了带伞，再看看现在还是阳光普照的，实在懒得再折腾回去拿伞。

很多时候就是这样，即便心里明明知道没有多少胜算，但还是选择侥幸地赌一把吧。爱情这件事上也是同理，很多人，愿意去赌这个“万一”：我对他这么好，他一定会喜欢上我的；他这么爱我，一定不会离开我。

但别忘了，赌，首先是要看对手和机缘的，千万别盲目下注；其次，一旦上了赌桌，就意味着你要愿赌服输。

而我真的相信，那个做好了准备有一天也许要放对方走的人，一定也是做好了在这段关系当中认真付出的准备，原因就是——只有这样，这场“赌局”才是真正有意义的。

>>> B

在电视剧的固定套路里，我们都看过了太多兜兜转转之后终究还是在一起的结局，那么，没有在一起的人呢？

错过了末班车，大不了打车回家；错过了点名，大不了补个假条；错过了偶像的演唱会，大不了去 KTV 唱上一整晚。然而，错过了爱情呢？

有人说，你既然曾经那么喜欢过一个偶像，那么，你就一定要去现场，要在耳机之外，去听一听那个曾经无比熟悉又喜欢的声音。所以，有些演唱会一生一定要去一次，而有些歌曲更是一定要在现场一起合唱的，刘若英的那首《后来》就是这样。

所以，很多人都说：“到了那个时候你才会知道，这首大合唱真的可以把人唱哭。”是啊，没有人会在乎自己唱的词儿对不对、音准不准，更没有人关心自己唱得到底好不好听、在不在调儿上，就只记得那一句：“有些人，一旦错过就不在。”

若不是谈过一场刻骨铭心的恋爱，你真的永远都不知道，有些歌词写得有多好。

若不是谈过一场刻骨铭心的恋爱，你也永远都不知道，其实，有些人能够错过，大概就已经是两个人之间最大的缘分了吧。

在爱情这个话题面前，不管你是暗恋、失恋还是单恋，很多人都说，那些表面上看起来很洒脱的人，心里都曾有一个角落，碎得很彻底，裂得很绝望。可问题是，除了扛住、撑住，你又能如何？

其实，真的没有任何人能告诉你放弃一个人到底应该怎么做，你只能自己熬过无数黑漆漆的夜晚，然后第二天照常起床，上班、考试、出差、准备项目、做好报表，假装什么事也没发生。

人生一步步往前走，每个人大都会有一种相同的感悟，那就是越长大就越发觉得，遇见谁、离开谁，都像是命中注定的事，我们爱上一个人，开启一段故事，又结束一段故事，冥冥当中似乎都自有定数。

真相或许就是这样，时间和新欢都不是什么绝对的灵丹妙药，只有你自己才是。

人生里没有结局的故事太多，就像你们曾经说过“爱是天长地久，永不止息”，可是后来呢？说这句话的人是否早就已经牵起了别人的手，和别人走了？

我们都曾小心翼翼地爱过一个人，陪彼此走过了马拉松般的漫长岁月，遗憾的是，等在终点的可能并非彼此。但这就是人生，这就是每个人都要承担的无法绝对圆满的东西。

有一天你会发现，世界没你想象的那么好，但也没你想象的那么坏。童话里的故事都是骗人的，现实中的麻烦全是包邮的，岁月这把刀也似乎越来越锋利，越来越可怕，可这又如何？仍会有人爱你，坚定不移。

无论走过多少弯路，也不管遇见多少辜负，都别忘了初心。

我会遇到你，
余生皆是你

你说 >>>

有人说，相似的人适合一起欢闹，互补的人适合一起到老。所有那些我自己没有的样子，总渴望在另一个人身上看到。

喵喵说 >>>

基本上，你所谓的互补也许只负责相互吸引，真正决定了你们能不能长久走下去的，一定要看你们在更深刻的地方，是否有着极大的相似。

喜欢是乍见之欢，而爱是细水长流，久处不厌。到最后你会发现，我们其实都是在寻找同类，就像溪流汇入大海，光束拥抱彩虹。

>>> A

在我的眼中、在我的心里，爱情最好的模样，其实是我在爷爷和奶奶身上看到的。

爷爷的面相很憨直，不怎么爱笑，可是奶奶长了一对弯弯的笑眼，我常常在想，奶奶年轻的时候一定特别好看。

爷爷的脾气很容易急，属于一口饭菜不合胃口就能立马放下筷子不再吃的那种，可是奶奶就很淡定，这么多年下来，印象里，好像从来没见她因为一些鸡毛蒜皮的事情翻脸过。

我记得我曾经问过奶奶，怎么没见你和爷爷吵过架，奶奶给我的回答就是：吵啊，怎么不吵，但是三两句就吵完了。

三两句就吵完了，真好……

爷爷家的院子里有一个铁架，常常用来晒被子和晾衣服。后来有了我，爷爷就在铁架的边上额外支出了一段，然后还特意找人做了一个带靠背的秋千木凳，结结实实地拴了一个秋千。此后每年快到夏天，爷爷就多了一件事要做——安好秋千，换一换环扣和绳索。

现在回想起来，那架秋千绝对算是我童年时期的一个美好回忆了。很多时候，爷爷就带着我在那儿玩秋千，而奶奶就坐在旁边陪着我们，手里摆弄着自己的针线活儿，爷爷摇着一把旧蒲扇，替我们赶着蚊子。后来，我长大了，不爱玩了，但是爷爷却始终也没舍得把秋千给拆掉，经常指着它，跟我讲我小时候的事。

很久以后我才明白，原来奶奶她特别喜欢这架秋千，偶尔没事儿的时候，她很喜欢坐在那儿，择菜、剥花生仁儿……可以说，爷爷其实就是为了奶奶的这份童心留的。

发现了吗，长辈啊，真的比我们想象中的更浪漫。

等我上大学的时候，奶奶已经七十多岁了。

有一次放假回老家，我一时起了玩心，把自己的耳环摘下来非要让奶奶戴上看看，奶奶就说好。在我刚凑过去要帮她摘耳环的时候，奶奶就那么轻描淡写地说了一句话，却结结实实地在我面前大秀了一把恩爱。

奶奶说："还是让你爷爷摘吧，他都给我摘了几十年耳环了，别人摘，我怕疼。"

后来，奶奶的身体渐渐不比从前，走动起来一天比一天不利落，拐杖慢慢不敢离身，记忆和听力也开始变得不是很灵光，但好在饭量一直都还算不错。

其实，奶奶比爷爷还年长两岁，爷爷的身体状态一直很好，这么多年几乎都很少打针吃药的。所以到后来，平日里已经是爷爷照顾奶奶更多。

爷爷说："你奶奶啊，就是太要强，以前她还老嫌我洗菜不仔细，现在你们看看，她吃我做的饭吃得香着呢！"

实际上，爷爷心里头就跟明镜儿似的，奶奶那是不想爷爷进厨房，老往外撵他，就想让他多歇歇，不愿意让他沾一点儿油烟。

然而，毕竟年纪摆在那里了，家族里的人私底下也在说："唉，别看老爷子目前身子骨这么硬朗，但是将来真有那么一天，这老两口啊，还真说不定是谁先留下谁。"

后来，真的是爷爷先走了，那一年的初秋，他永远地沉睡在了那个阳光和缓的午后，走得很突然，但也格外安详。

爷爷走了以后，大家就开始特别担心奶奶，而奶奶却出奇地平静，没哭没喊也没闹，可我就是觉得，她的眼睛里总像有什么让人心疼的东西在闪动着，亮晶晶的。

有一天，我看到奶奶自己一个人坐在院子里的秋千上，我听到她嘴里似乎在小声念叨着什么，走近了，终于听清了：

"往后啊，没人推我了……"

"唉，你说我怎么就没想起来和你好好照张照片呢，这都怪我……"

>>> B

先结婚再恋爱，一生只够爱一人，细水长流，相濡以沫。听起来，这越来越像是老辈人的爱情。所以，很多人都说，和以前的时代相比，现在的人，新鲜感来得快，去得更快，对爱情少了那份最珍贵的敬畏和长情。

其实，并不是说那样的爱情不存在了，消失了，再也不流行了，恰恰相反，那样的爱情大概无论到何时都会依然楚楚动人，令人感怀不已。有一个千古不变的道理，那就是：爱情终究要落地，要在柴米油盐的生活里扎下根去，那才是爱情。

在一针一线、一粥一饭里，慢慢地，你会习惯那个人所有的小毛病。

你呢，要习惯他睡觉打呼噜、吃饭有声音、洗脸的时候弄得台面上下到处都是水。而他呢，要常常在地板上收拾起你的头发，要去接受你偶尔的任性，要去耐心地化解你莫名其妙升起的醋意……

两个人越往前走，彼此的步调越来越一致，你会发现，其实不是你忍耐的底线越来越低了，而是你能给予一个人的爱越来越多了。

其实，很多的爱情之所以没能够一直走到最后，原因真的是像张小娴所说的那样，一开始只是想要一个拥抱，不小心多了一个吻，然后又想要一张床、一个房子、一个证书，到了最后才发现，其实最开始，我们只是想要一个拥抱。

又或者，本来你只想要一块面包，可他除了面包以外还给你倒了一杯牛奶；本来你只想要一个拥抱，可他除了拥抱外还给了你一个吻。后来有一天，你要面包时他只给了你面包，你要拥抱的时候他也只给了你拥抱，于是，你就开始埋怨他不如从前爱你了。

爱情往往真的就是这样，一开始，他冲你笑了一下，你就可能幸福得睡不着觉，可后来，他所付出的越来越多，而你却再也没有像当初那样满意过。

很多很多年以后，或许会有那样一天，你看着那些年纪轻轻的男男女女们，在爱情里迷茫、痛苦、折腾，你会由衷地想在心里对他们感叹一句：

其实，每天能有固定陪你聊天说话的人，你就已经比大多数人幸福了。

没人能为你的路、你的人生、你的未来奉陪到底。

哪怕他信誓旦旦，

哪怕你也相信他说的都是真的，

但你一定要明白，他真的做不到。

FOUR >>>

退而求其次的选择，都是将就

喜欢吃苹果，苹果汁不行，苹果蛋糕也不行，
因为平替到最后都是将就。

想要什么就积蓄能力一步步去得到它，
在这个过程中，千万不要妥协，不要半途而废。
如果退而求其次的话，你一定会后悔，
并且在后悔的过程中反而要付出更大的代价。

学不会独处，
你将永远是自己的陌生人

你说 >>>

为了获得认同感去接受那些本不该接受的价值观；为了融入群体而强行改变自己的原则，将自己伪装成好相处的样子；为了迁就一些人而丢失自己独有的思想，违背自己的内心去附和，这样的生活真的太累了。

喵喵说 >>>

为了显得自己好相处而假装很融入群体，还有比这更孤独的事情吗？你是谁你就是谁，群体改变不了你。这世界上哪有不孤独的成年人，唯有承认了孤独的必然，才能享受不从众的自在。

有时候孤独是好事，一个人的时候就多长本事，多看世界，多走些路，把时间花在正事上，努力变成自己打心底喜欢的那种人。

>>> A

我前段时间突然心血来潮想养只小狗，然后就很无厘头地告诉了一个朋友。过了好大一会儿她才回复：你最近一次和男生单独出去吃饭是什么时候？

比我还无厘头吧？

但是再一想也就明白了，她其实是在问我是不是过得太寂寞了。

可能是因为上段感情结束得太仓促，而空窗期又有点儿长，她肯定以为我彻底失望了，再也不相信爱情了。

其实我倒是没想那么多，只是没必要刻意遇见谁，也不急于拥有谁，更不勉强留住谁。现在的状态就是顺其自然，不输给过程，就是好结果。

很多时候，如果一直是自己孤单一人，无非就是喜欢的人未出现，出现的人不喜欢。可是爱情毕竟不是去菜市场买菜，你只要选一选、挑一挑，一餐饭总归可以搞定。

一个人生活久了，不是不相信爱情，恰恰相反，你会特别看重它，而正因为看重，才明白绝不能随意。

所以，有的人一直在寻找正确的人，找到了自然全心全意爱他，找不到那就暂且一个人。如果因为寂寞而与一个并不相称的人恋爱，那才会对爱情失望。

有些东西可以头脑一热，比如现在很饿，可以马上就去吃火锅；但有些东西则必须小心谨慎，比如爱情。世界上很多事情都可以将就，但爱情这件事除外。

很多人都以为人生最糟糕的事情是失去了最爱的人，其实，最糟糕的事情是你因为太过投入而失去了自己。

在爱情这件事情上，切忌用力过猛。不必赋予爱情太多具有救赎意义的东西，因为爱情从来都不是你混沌人生的救赎和出路，它解决问题，同时也制造问题。

一个人如果无法充分享受单身生活的精彩，自然也就无力体会爱情生活的充盈。一个人如果不能制造独处的快乐，也就无从感知相互扶持的美好。

努力的意义，首先是为了让自己更有底气地生活，是任何时候都有能力不去依靠谁和仰视谁的安全感。在爱情来时，可以有底气双手拥抱爱情；而在爱情未来时，可以拥抱自己一个人的生活。

>>> B

独处的时候你会做些什么呢?

是不是会一边羡慕别人，一边怜悯自己，将小情绪无限放大，却又说不清伤感从何而来，于是就草率地将心中的一切郁结统统归咎于孤独呢?

穿过一条街就是电影院，但是你几乎没怎么去过，打开售票平台，看到成双成对的已选座位，坐在谁旁边好像都有点奇怪。而电影院售卖的零食也基本都是套餐，不知道要买什么才好，就你一个人，仿佛显得特别异类。

这个时候，孤独感格外地清晰。

一个人逛街，明明有大把时间，但逛着逛着就失去了兴致。穿过一条条大大小小的街，百无聊赖找寻想买的东西，然后在街区的休息椅上，看着挂着鲜明招牌的店铺，以及即使疲惫但依旧兴致高昂的人们，就这样度过了一整个下午。

这个时候，孤独感格外地清晰。

休息日，到了晚上才发现，电话一整天都没有响过。而这一天你只吃了一顿饭，还是随便叫的外卖。没人知道。

这个时候，孤独感格外地清晰。

但是，抛开这些偶尔泛起的孤独感，一个人生活就一定是一段糟糕的体验吗？倒也不尽然。

孤独不是缺陷，而是礼物。一个人的时候，你才能从混乱的事物中重拾秩序，反思和倾听自己的想法，继而与外界重新建立联系。

相反，如果为了摆脱孤独，为了所谓的“合群”就去拼命伪装，为了得到别人的肯定而费力表演，就像你明明是一滴油，却非要溶进水里。

当人在生活中戴着面具去伪装，这才是一种痛苦，才是最大的孤单，因为你丢失了自己。

丢失了自己的人，一定会一天比一天更加焦虑，每次都习惯性地期望能有人替自己指明要走的路。可是，每个人的人生虽然都会有别人的参与，却终究要由自己完成。

如果真的想要在迷茫中彻底成长起来，你必须先要学会面对和接受孤独，哪怕伤疤还没被磨炼得足够硬实，也不再依赖别人递过来的铠甲和护盾。

>>> C

独处，并不是丢下一切躲起来，而是要回到最纯粹的自己。是给你时间思考自己，在一个人的日子里，你要做的只有一件事，把自己变得优秀。

独处其实是一种与自己的等价交换，你独自吃饭、睡觉、逛街，生病了一个人照顾好自己，换来无拘无束，说走就走的逍遥自在；

你努力奋斗，默默提升自己，换来更舒适、品质更高的生活；

你坚毅勇敢，不随随便便依附别人，换来更多的选择权。

在这个世界，孤单永远与自由并存，依赖也永远与束缚同在。

大部分的我们都脆弱且不习惯孤独，所以纷纷高估了依赖的价值。当你依赖一份情感时，便会低估自己的勇气；当你依赖一个方向时，便会低估自己的选择；当你依赖一种力量时，便会低估自己的潜能；当你依赖一乡梦境时，便会低估自己的想象。

我们总是挣扎在依赖与自由之间，依赖让我们亲密，自由让我们保持距离。但事实却是鱼与熊掌不可兼得，不懂享受自由的人，也难以在热闹中游刃有余；不能接受独处的人，也享受不了亲密关系。

如果学不会独处，你将永远是自己的陌生人。

说到底，安全感首先是自己给的，只有不断完善自己，做好自己，才有足够的信心去接受生命里所有的变化。毕竟，世界上最可靠的人，就是更好的自己，而你能在这个世界生活得相对自由的前提，就是你能够拥有自己应对生活的力量。

这种力量你无法从别人身上获取，你只能求助于你自己。

每个人都有自己特殊的独处时刻，它们都饱含着一种“生活感”。静下来的时候，自觉或不自觉地去发掘生活角落里的事物，感受一些生活的细腻之处。

独处，不必太在乎意义，更重要的是获得一种体验，是让我们能够确认自己生活价值的时刻。

生活不会按你想要的方式进行。它会给你一段时间，让你孤独、迷茫又沉默。你可以在这段时间，把注意力放在自我提升上，降低对他人的依赖，跟自己好好相处。

多看一本书，去做自己喜欢的事，为自己的世界添砖加瓦，守护自己真正热爱的东西。等你走过低潮，那些独处的时光必定照亮你的路。

人生本就是孤独的旅程，大家都只是短暂地拥有彼此一段时间而已，不必为了躲避孤独，把自己硬挤在不合适的关系里，干吗去别人的世界找自己的位置呢？你要成为自己的宇宙。

不管怎样，希望你是这样的人——拥有热情，放下不安，热爱生活，不勉强，有期待。

唯有如此，你的孤独、等待和你的不将就才更有意义。

最好的相遇，
就是久别重逢

你说 >>>

《小王子》里，小狐狸对小王子说："正是你花费在玫瑰上的时间，才使得你的玫瑰如此珍贵。"所以啊，甜言蜜语的男生未必就不可靠，珍惜那个肯花时间哄你开心的人，愿意花时间哄你的男生，才是真的爱你。

喵喵说 >>>

人都是一样，希望一辈子有人哄，有人疼。但请你首先记住，永远别用耳朵谈恋爱，妙语连珠的也许是把你当猎物，支支吾吾的才是真的喜欢。

爱是动词，行动才是爱最好的说明书，真正对你好的，一定都在细节里体现出来。

>>> A

大学的时候有个外系的男同学，给人感觉总是痞痞的、冷冷的，我和他几乎没有交集，如果非要算，那就是他的女朋友在我们班里。

有一次一起上公共大课，可能是两个人闹了点儿小别扭，他们并没坐在一起，男生远远地坐在教室的另一边，和周围的同班男生们在说话，而女生就坐在我前面那一排。

应该是被头顶上的电风扇给吹到了，她接连打了两个喷嚏。她正从包里拿纸巾，然后，无意间，我就看到那个男生自然而然地探了一下手臂，伸手够到他旁边的电风扇开关，特别若无其事地轻轻拨了一下。于是，其他的电风扇仍然在吱吱嗡嗡作响，就只有女孩头顶上的那台停了下来。

另据班里的同学说，她和他是高中同学，那男生虽然表面上看起来挺高冷的，但他真的是会在大街上蹲在地上给女朋友系鞋带，大热天会让女朋友坐着吃冰激凌、喝饮料，自己挽起袖子，扎到人山人海里头去打饭买菜的那一种。

所以，班上有不少人都以为，这两个人应该会圆满地上演“从校服到婚纱”的大结局，然而很遗憾的是，两个人最后并没有在一起。由于对未来规划的意向始终不合，男孩一毕业就去了北京创业，女生选择继续读研，后来留了校。

可惜归可惜，但无论是谁，迟早都会有那样一天，终于在一个无比辽阔高远的世界里渐渐明白，人与人之间竟然是如此不同，大家想要的东西也是如此不同。其实，人生本来不就是这样吗？既然有所选择，就必定要有所辜负。

所以，两个成年人，从忠于并愿意寻求自己认同的生活方式这一点上来看，他们都没错。而且，尤为值得庆幸的一点是，从结果上来看，他们最后也都如愿得到了自己心中想要的生活。

嗯，也好。

最好的相遇，是久别重逢；最好的经历，是曾经沧海。匆匆那年，我们真的如此深深爱过，而我就是这样，从你的全世界路过。

嗯，也好。

>>> B

曾经看到过一句情话：爱是绽放的花朵，而你，是那唯一的种子。

这世上的情话，可以美到什么地步？

木心的《眉目》说："你的眉目笑语，使我病了一场，热势退尽，还我寂寞的健康。"

《挪威的森林》里，绿子问渡边："喜欢我到什么程度？"渡边说："喜欢到全世界的森林都化成了黄油。"

《美国往事》里说："当我对所有事情都厌倦的时候，我就会想起你，想起你在世界的某个地方生活着存在着，我就愿意忍受这一切，你的存在，对我很重要。"

《武林外传》里，郭芙蓉把辣椒面当成洗面奶给用了，结果整个脸都是红肿的，哭着喊着说自己是嫁不出去了。然后，吕秀才对郭芙蓉说："你嫁给我吧，我记得你漂亮时的样子。"

其实，爱情这件事，言语所能起到的作用远远没有想象中的那样巨大，真正能让你下定决心非卿不娶、非君不嫁的，一定还是细节和行动。

所以，以下没有情话，就讲几小段故事吧。

故事一：

她切菜割破了手指，他紧张得不行，飞奔出门替她去买创可贴和消毒药水。但他是一个聋哑人，比画了一阵子，药店的售货员还是不知道他究竟想买什么。他心急如焚，后来索性拿出指甲刀，在自己的手指上划了一道口子。

你看，如果爱情只是靠说说而已，那哑巴要怎么办？

所以才有人说，当你爱上一个人的时候，说出“我爱你”只完成了百分之一，如何去证明你的爱，占据着另外的百分之九十九。

故事二：

一对情侣当街吵了几句嘴，结果女孩脾气一上来扭头就走了，可走出去没多远，脚步慢下来，走几步就回头看一看。那男孩倒也不着急追上去，就在她后面慢慢走。

路过一家小吃档口，男生停了下来，对着女孩的方向，稍微提高了音量说：“喂，有章鱼烧，要两份还是一份？”就见不远处的女生一边继续往前走，一边举高一只手，伸出两根手指，在空中晃了好几下……

很有画面感，是吧？

故事三：

朋友的老公是个粗枝大叶的西北男人，每次出现的画风都挺大男子主义的，基本上他只要一开口，你就能知道他和那种会甜言蜜语、温柔浪漫的男生根本就搭不上边。可是，他常常会做出一些让朋友特别感动的事。

不久前，家里养了三年的一只小泰迪狗忽然找不到了，朋友边哭边找。她老公当时正在偏远的郊县跟进一个项目，大晚上接到了她的电话就立马开了两个小时的车赶回来，陪着她找到了狗，安抚好她，然后又开了两个小时的车回去，接着忙手头上的工作了。

他们在一起已经七年了，传说中的“七年之痒”在他们身上似乎完全不存在。

故事四：

女孩是属于那种很温柔娴静的女生，男朋友目前正在创业期，很忙很忙，但对她一直很好。两个人住的地方离得比较远，见面主要都是在周末。

有一次周六，女孩正在家休息——通常，周六她一定会买些新鲜的食材回来，煲个汤啊什么的，像模像样地给男朋友好好做一顿饭，可是那天赶上她男朋友的公司在忙着承办一个新片发布会，见面也就只能往后推了。

她特别喜欢吃榴莲，那天在家刚好看见电视节目上在做榴莲布丁，完全把她对榴莲的执念给勾引出来了。她随手对着电视拍了张照片，在朋友圈发了个状态：“哎呀，一不留神，被榴莲布丁给诱惑了，沦陷了，想吃！今天是不行了，下次要自己学着做。”

看完了节目，她就扔下手机跑去做别的事了。

大概半个小时以后，男朋友打来电话，说："下午三点半左右有人会到你的小区门口，你下去接一下吧，是送榴莲蛋糕的。"

女孩彻底愣住了："嗯？你不是在忙吗，明天可就是发布会了啊！"

"当然忙啊。"

"那你怎么还能安排人送蛋糕来？再说了，今天好像也不是谁的生日啊？"

"现在帮我们办发布会的这家酒店里可以定制蛋糕，我就是抽空和人家商量了一下，我自己过不去，人家说做好了可以帮着送过去。虽然没有榴莲布丁，是榴莲蛋糕，但你还可以叫个朋友来一起吃，大周末也不会孤孤单单的了。"

见女孩没有说话，男朋友接着说："你对于吃的东西挺少这样惦念的，能让你专门念叨上一句的，估计是真的想吃了……"

对了，这个女孩和前面提到的暗恋过学长，自己偷偷画"正"字的女孩，是同一个人。

该走的路，
一米都少不了

你说 >>>

叶芝说，多少人爱你青春欢畅的时辰，爱你的美貌，假意或是真心。只有一个人，爱你那朝圣者的灵魂，爱你老去的脸上那痛苦的皱纹。

喵喵说 >>>

这是许多女人最为旖旎的幻想吧，这样的爱当然很美好，得到这样的爱当然也很光荣，但借助于他人的爱得到的快乐，毕竟是间接得来，宠辱之间，进退失据。要说姿态好看，还得学会与自己恋爱，直接拥抱生活。你首先把自己活敞亮了，没有那么多需要介怀的事，也就没有那么多气不顺了。

>>> A

这无疑是一次相当愉快的相亲，是几年来最令她满意的一个对象了。

刚进家门，她就按照约定，给他发了报平安的微信。发送之前，她犹豫了片刻:“微笑”这个表情，好像有点太敷衍，换一个好了。

挑来挑去，在“偷笑”和“愉快”里，她选择了“愉快”——“偷笑”那个捂嘴咯咯笑的样子，恐怕会令人感到狡黠，而“愉快”就还好，不经意却又不会太普通，温柔而又不会太热情。

这一系列思考都是在潜意识里一秒钟之内就完成了的。然后，她按了发送键:

“我到家了。‘愉快’”

发完之后她并没有等他回话的意思，把手机扔到茶几上转身就去洗澡了。

她心想:“我才不要傻傻地抱着手机等他的回信。如果他半天才回我的话，我守着手机心里多煎熬啊，不如先去洗澡，就算他十分钟才回话，我在洗澡也不知道，不用直面这个问题。洗二十分钟的话，我让他等了十分钟，也显得我比较不经意，比较淡定。嗯，就这么办。”

洗好出来一看，才过了十五分钟。事实上，洗澡的时候她一度还在想：“愉快”上那一点点的脸红，我的小心思，他看不看得出来呢？

可她没有立刻朝着手机奔过去：姐可不是第一次恋爱了，成熟女性不能那么沉不住气。

她缓缓地踱到茶几边，拿起手机，解开锁。

“那就好，今天很开心，晚安。”—— 他回的话。

石头落地。

从时间上看，他回得蛮快。发现这一点，她心里是很有点庆幸的。前面估计的十分钟，但他却两分钟就回话了，捡了八分钟的便宜，这种感觉还是很甜蜜的。

“只是，他的回话未免也有点太官方了吧，看不出他对我的态度。”这又让她有点黯然起来。

“可他是发了两个表情给我的！一般来说一句话后面接一个表情也就够了，而他却发了两个。一个笑脸的，一个小人的……等等！这个小人儿是什么意思呢？”

她决定要好好研究一下。

“我只是没事做而已。”她想。

打开电脑搜索“微信表情对应文字”，原来小人表情对应的是“拥抱”。

“啊！拥抱！”

她觉得有点儿害羞，有点儿幸福。

“但这会不会只是他发表情的一贯风格呢？也许他只是习惯一次发两个而已？”想到这种可能，她又觉得不那么幸福了。

瞧，多巴胺泛滥成灾了。

“嘘……冷静！别那么没出息！”兴奋过后，她开始给自己泼冷水，“感情的学费也交过不少，总要有点长进的！不要高兴得太早！

“悲观一点，总是好些的。八字还没一撇，就投入太多太快，落了空又要伤心，不值得。不打无准备之仗，不在没有结果的人身上浪费精力和时间。

“再说，通过今天一天的观察，有几个场景让我觉得他挺喜欢我，又有几个场景让我觉得他好像对我没什么意思。整体看下来，他的表现周到妥帖，滴水不漏，居然令我无从判断。回到家又在微信上表达得这么隐晦——要么是真的非常单纯羞涩，如若不然，能装到这种程度，知道在细微之处做足了文章，那段位可以说是相当高的了。对这种人，不得不提防着点儿！”

相过几次亲，打着恋爱的名义骗色的男人，她也不是没碰到过。

“棋逢对手。”

关灯入睡前，她的脑子里莫名其妙冒出来这么一句。

本来还有点儿担心会失眠，结果一夜无梦，睡得挺踏实，早晨醒过来的时候神清气爽的，阳光透过窗帘，斑驳地洒在枕头上。

“真好。”她对自己说。

可能是一整夜的休息积蓄了体力，她变成了比昨晚更乐观积极的自己：“都什么年代了！干吗还要遵循‘敌不动我不动’的那一套！女追男也没什么大不了的！我应该更勇敢一点去追求自己的爱情！”

想到这里，她一把抓起手机，主动问他早安：“早，美好的一天开始了。”她还加了一个“太阳”的小表情。

结果对方秒回，只不过，内容是来自于系统自动回复：对方已开启了好友认证，你还不是他（她）好友……

在那一瞬间，她真真切切地感受到了什么叫“智商重新占领高地”。

嗯，有的人，及早认清了也好。

>>> B

这世界上，有一些出类拔萃的好姑娘，学历好、颜值高、性格好，工作收入不菲，父母也开明大度。基本上，她的好，好到让人感叹，甚至嫉妒——上天真的是把最好的一切都给了一小部分人，她的好，也好到让很多人都想知道，究竟什么样的男人才能配得上她。

如果觉得这类女生的存在太不寻常，那我们就看一看，自己身边是不是有这样的女生，又或者，你自己就是这样的女生。

有人觉得你一个人过得很好，你收入颇丰，平时爱吃辣辣的火锅，能喝上一点儿小酒，也爱大声欢笑。你朋友不多，但很可靠。什么时候想出门旅行了，把时间好好调一调，基本上就没太大问题了。别人甚至会猜测，只要你想，就可以随时开始一段暧昧关系。

可是，只有你自己明白，一个人在家整夜整夜失眠，眼看着窗外的天一点儿一点儿亮起来是什么感觉。只要你不说话，房间里就一点儿声音也没有。

这种感觉，和人的个性有多坚强无关，和你多勇敢、多独立也无关，那就是一种会把内心无限往下拉拽的情绪，它深不见底，你逃无可逃。

所以才有人说，坚强其实是装出来的，但当你装得久了，就真的变得坚强了吗？

没有哪个女孩子愿意当一个彻底的女汉子，她把内心最柔软的地方小心地收藏起来，没有人知道她坚强背后的软弱，没有人知道她笑脸背后的忧伤，没有人知道她在夜深人静的时候内心的荒凉和无助。

哪怕是在这个所谓的“女汉子遍地”的时代，潜藏在每个人内心深处的声音，还是希望能够在自己深爱的人面前，真正变成一个无忧无虑的小孩子。当你发现彼此在对方面前都变成了一个小孩子，那便是爱情中最好的相处模式。

我们都想找到治愈孤独的良药，那可能是一个很好的爱人，也可能那就是你自己。

有人说，当你与整个环境格格不入，却无法找人诉说的时候，当你即使和很多人在一起，看着别人欢笑，但是自己其实并不开心的时候，这应该是最深的孤独了吧。

可我想说的是，当世界上没什么事让你羡慕，也没什么东西值得你去追寻，更没有什么人会在乎你的痛哭，而你也懒得去倾诉自己的痛苦，这才是最深的孤独。

反正，日子是自己的，孤独的人，更要好好生活，好好吃饭——记住，心和胃，总要有一个是满的才好。

生命中该你走的路，一米都少不了。走过最孤独的一程，愿你与爱的人不期而遇，以笑相迎。

取悦自己
比取悦别人更重要

你说 >>>

遇到了拼命也追不到的人，你心想着，我这么喜欢你，我都对你这么好了，难道你就连试着喜欢我一下也做不到吗?

喵喵说 >>>

抱歉，她不爱你，真的不是她的错。

爱情不是一门考试，它拼的不是择优录取，更不是按劳分配，而是感觉。不喜欢就是不喜欢，哪怕你再努力，可能也只是徒劳。她不会因为你一厢情愿的付出就有义务必须喜欢上你，反而会觉得你给了她太多的压力。你走不进她心里，不一定是你不够努力，而是你们根本就不在一个频道上。一个错的密码，哪怕你输入一千次，又有何意义?

>>> A

追一个女生到底有多难？

这个故事的男主角小 W 是我的一个大学学弟，和我同院系、同专业，是上下届师姐弟的关系。至于女主角 L 呢，她的妈妈和我的妈妈是很好的朋友，后来就顺带着把我们俩也发展成了好朋友。

我和 L 是属于那种联系不算特别频繁，但是一打电话可能就完全停不下来的那一种。机缘巧合，有一次，L 有事来学校找我，还陪我听了一节课，纯属偶然地认识了 W。

L 真的是一个挺酷的女孩，滑板、瑜伽、滑雪样样玩得很牛，懂足球，却极少和人侃谈，平时就只爱背她自己亲手做的斜挎帆布包。

她特别独立，属于既好奇又好强的那种，曾一个人自驾去了甘南和西藏一带，而她近期做的让我最瞠目结舌的一件事，就是她完成了一次半程马拉松。重点是，她曾经和我说，当初在上学的时候，她有一次在体育课上跑完了八百米以后，脸色惨白地蹲在地上，吓得同学直接把她送去了校医院。

她是爱分享的天秤座，很可爱，这种可爱有时候还带着一点儿无厘头。就像有一次，我们俩明明在说着别的什么话题，可她莫名其妙地突然蹦出来一句："对了，我这儿有全十季的《老友记》，外加剧本、花絮、剧照和采访，不管是想追剧还是想学口语，都给你拷走呗？"

看，真的有点儿无厘头吧？但，这就是她。

所以，每次在刷朋友圈的时候看到她更新了动态，总会让人特别期待，她发出来的图片、句子、故事，夹杂在那些自拍、代购、请帮 ×× 投票，动不动就用"秀晒炫"来刷存在感的动态中间，显得是如此与众不同。

怎么样，是不是连你都想认识认识这姑娘了？

为了能和她有些共同的话题，小 W 开始看冷门、文艺的电影，读一些晦涩难懂的书，听小众的歌，还莫名其妙地鼓起勇气去打了耳洞。他以为自己可以很酷，他以为她一定会喜欢。可遗憾的是，到最后，他发现他们真的就是完全不同世界里的两个人。

原来，为了想变酷而去装酷这件事，真的一点儿也不酷。

人生中你曾经鼓起勇气做过的每件事，如果是因为你真的喜欢，那你很酷，如果是为了想变酷，那你真的不必那么酷。

其实，追一个女生到底有多难？也许，那很简单，就只需要一首歌、一个眼神、一张电影票、一个冷笑话而已，也许，那实在太难，难到像让时光倒流，难到海枯石烂。

>>> B

李荣浩在《二三十》里唱道：

二三十岁的人，

傍晚黄昏，

还等对的人。

醉得好坏不分，

哭得大声，

记录着青春。

你单身的状态是怎么样的？或许你会回答：

一个人久了，都不知道喜欢上另一个人是什么感觉了。

一个人久了，过着过着也就习惯了。

一个人久了，好像所有的事情都能自己解决了。

单身的人，都在等待，等待爱情，等那个对的人出现。然而，当你真的迎面撞上一段缘分，我多希望你不要忘记一件事，那就是——真正喜欢你的人，根本不会那么难以取悦。

荷西曾经问三毛："你想要一个赚多少钱的丈夫？"

三毛说："看得不顺眼的话，千万富翁也不嫁；看得中意的话，亿万富翁也嫁。"

荷西说："说来说去，还是想嫁个有钱的。"

三毛看了荷西一眼："也有例外。"

"那，要是嫁给我呢？"荷西问道。

三毛叹了口气："要是你的话，只要够吃饭的钱就够了。"

"那，你吃得多吗？"荷西问。

三毛回答："不多不多，以后还可以少吃点儿。"

瞧，多有爱的一段对话！跟喜欢的人在一起，世界都变成了喜欢的样子。当然，这种喜欢，是你喜欢她她也喜欢你，和一厢情愿无关。

一份好的感情，不是追逐，也不是纠缠，而是相互吸引和欣赏。不管是交朋友还是谈恋爱，相互吸引是最起码的，而不是单方面的心动和追求。所以，请你清醒一点儿，信息不回就别再发了，世界上哪有看不到的信息，只是不想回而已。也请你对自己好一点儿，别熬夜，哪怕你睡得再晚，不想找你的人，还是不会找你的。

当你越陷越深，当你付出太多的时候，你就无法自拔了，你割舍不下的已经不是你喜欢的那个人了，而是那个默默付出的自己。当你惊叹于自己的付出的时候，你爱上的人，其实只是现在的你自己。到最后，在这场独角戏里，被感动的人只有你自己。

我相信在某个瞬间你也一定想过，他不是羞涩寡言、高冷木讷，他只是没什么话想对你说，仅此而已。他究竟喜不喜欢你，你心里其实已经有答案了，而你如果再这么继续下去，光想着怎么让对方舒服、喜欢，那你自己呢？你自己的感觉真的就那么不重要吗？

你们都没错，只是不适合，就像夏蝉，永远也走不进秋天的爱情。所以，学会放手，真的不一定是坏事，对自己好一点儿，仁慈一点儿。

有些人，不可能就是不可能，就算你再喜欢，你试图强行去改变自己，把自己塞进他的生活去配合他、迁就他，而这样做的结果，就是令双方都会极其为难。

其实，我们平时都很容易忽视掉一些东西，就像在生活当中，至关重要的一项技能可能不是买买买，而是扔扔扔。你应该定期整理自己的衣柜、冰箱、梳妆台，扔掉那些早就过时和已经褪色的衣服，扔掉那些过期的食物、化妆品和不会再用的配饰。

据说真的是有这样一类人，如果家里添置了一样新的东西，那他就会想办法处理掉另外一些东西，家里永远都是简洁而又干净的。

总之，不适合你的东西你要学会放手，给提升自己的气质留足空间。同理，累人又累己的关系，还是及早放手为好。

如果说得狠一点儿，在这个世界上，没有谁是谁的氧气，也没有谁离开谁就会真的活不下去。而这将会是你一部分的成长，你总要学会适应，学会接受生命里所有的可能以及不可能，学会习惯一切的相遇和离别。

只有当你修过了这堂课，也拿满了学分，人生才会真正变得开阔起来。

退而求其次的选择，都是将就

你说 >>>

我们真正可以期许的自由、信任、安稳究竟是什么呢？是你有选择的权利，以及为了这个选择承担任何结果的能力。

喵喵说 >>>

答应我，如非万不得已，尽量不要选择退而求其次的选项，无论是买东西也好，择偶也罢。得不到自己最想要的那一个，只会在心里埋下一颗“爱而不得”的种子，心心念念，辗转反侧。所以再试一次吧，为了自己最喜欢的人或事。

>>> A

他三十五岁，她比他年长，刚好四十岁。

他是朋友圈里出了名的黄金单身汉，家境优越，名企就职，也从来没听说他在品行方面有过黑历史，而且颜值超高！总而言之吧，他如此优质的一个人，如果再一直这么单身下去，真的都有人要拿他的性别取向开玩笑了。

他身边的人也大都以为，他最可能的归宿，就是会被某个肤白貌美的年轻姑娘收了心。

于是，当他和她公布在一起的那一天，所有人都觉得有一些意外，所有人都感慨她的运气怎么这么好，在四十岁的年纪里，等到了一个无数女孩子都可望而不可即的优质爱人。有人羡慕，有人嫉妒，但就是没有一个人觉得他们不相配。

嗯，如果细想一想，这世上所有的意料之外，其实都在情理之中。

很多人对她最大的印象就是——这女生，把自己的人生过得通透明白极了。

她很忙，也很闲，自己成立的工作室在业内颇有口碑，经手的项目都比较成功，身家并不逊于他。她思想独立，见地丰富，忙里偷闲爱四处拍拍照片，竟然还拿了一些摄影类的专业奖项。

不夸张地说，她属于就算是站在世界首富或者英国女王面前都不会露怯的那一种女人。而且，四十岁的她，从容貌到身材，和三十来岁的女生相比，完全不输啊！在她身上，完全没有哪一样会让人联想到“人老珠黄”这四个字，而气质却又甩了二三十岁的女生无数条街。

所以，即便单身，人家同样也是绝对的人生赢家。

他们决定拍一组婚纱照，她坚持的原则是一切都不去刻意。于是，他们就选在他最近经常去出差的城市，邀请了一个相熟的摄影师过去掌镜，在当地一个很美很安静的小教堂前，伴着初秋清晨自然而静谧的光线，留下了这辈子最安心、最幸福的笑容。

那天，他身上穿的是他日常最喜欢、最习惯的搭配——白衬衫加牛仔裤，干净清爽，而她穿的小礼服是前一天晚上才在街边的一家品牌店面里即兴挑的，头纱则是闺蜜在很早以前专门送给她的，手捧花也是顺路在花店挑的。

加上两个摄影助手，五个人，一辆车，短短两三个小时就拍摄完毕，无人打扰，整个过程温馨、简单，却有着说不出来的浪漫和舒适。

你看，她只不过是错过了该结婚的年纪，但没错过最好的自己，她的幸福完全来得既合情又合理。或者，也只有这样始终美好又不肯将就的女生，才会让上天更加眷顾吧。

有一份资料数据说很多“90后”选择了早婚，而其中的原因之一就是怕独自面对生活当中的风风雨雨，在这种彷徨和恐惧下，他们渴望在种种的不安定里赶紧找到一点安全感，当作依靠。

可事实却是，人只要还活着，就永远都会如同小船行于海上，暗礁、风浪会永远存在。不会有任何一条航线，可以让你将船舵撒手，御风而行。

我们真正可以期许的自由、信任、安稳究竟是什么呢？是你有选择的权利，以及为了这个选择承担任何结果的能力。

所以，别说四十岁的她是如何幸运，对于她而言，她的幸福绝不是因为嫁给了谁谁谁，而是在以往的这四十年里，她让自己活成了有选择、能承担的自己，仅此而已。

>>> B

从小听着王子和公主的故事长大的女孩子，不知道你有没有想过，所有的故事都可能还有另外一个版本。

很久以前，有一个帅气英俊的王子，他通过水晶球看到了善良美丽的公主，于是他就去求女巫施法，让他们相遇、相爱，但是坏心眼的女巫却设置了许多阻碍。后来，王子和公主终于排除万难，幸福地生活在了一起。

这是写给小孩子的版本，但是，在成年人的世界里，这个故事的结局也可能是：女巫摘下她黑色的帽子，孤独落寞地离开了，只留下一句："唉，若不是你对她如此喜欢，若不是为了让她也爱上你，我又怎么会想当这坏心眼的女巫……"

当童话变成了一个有关暗恋的故事，有人圆满，也有人哀伤。也许，有些人出现在你生命里的意义就是要教会你承认，无论你再怎么努力，有些人你就是得不到。

可是，现实当中的爱情往往真的就是这样，你在暗恋她，而她也有自己喜欢的人，不巧的是，那个人并不是你。瞧，你得不到她，她得不到他，在这场爱情的困局里，两个人全都是卑微的，都是低到尘埃里去的，没有一个是赢家。

后来呢？有多少人，正是因为爱而不得，最后选择了退而求其次，又有多少人，在退而求其次之后是真的获得了幸福？

不客气地说，谈恋爱这件事，有时候和买东西一样，退而求其次的结果，终究就只有两个字——浪费，既浪费彼此的缘分和时间，也浪费自己对于爱情最美好的设想和憧憬。

其实，你可曾想过，也许对于她，你并不是非她不可的那种喜欢，你只是对“你付出了但却没有得到预想的回报”这件事感到耿耿于怀。

如果再试想一下，以后，你也遇见一个像自己当年一样执着傻气的人，当你察觉到他喜欢你时，你会不会有勇气对他说：“抱歉，我可能不会喜欢你，也不想贪恋和枉费你对我的好，这不公平。我没有办法假装喜欢你，因为，一定有人比我更值得你爱。”

愿你可以成长为一个自己喜欢的人，然后遇上一个可以让你变得更好的人，不早，不晚。

愿你们彼此喜欢而不必费心取悦，愿你们在这漫长岁月里不管在一起多久，都能奋不顾身，一次又一次地爱上彼此。

你最需要的勇气，

不是驱使你战胜别人的勇气，

而是不管其他人对你有何期望，

你都能始终坚持做最真实的自我的勇气。

FIVE >>>

一辈子不长，对自己好一点儿

从现在开始，停止对自己的不满和攻击，
把时间多花在打磨自身上，造就出不同的一面，
彪悍的、犀利的、柔软的、细腻的、理性的、有条理的，
你远比自己想象中可爱和值得被爱。

这世界很美，
路过时请温柔，记得爱自己。

人生很短，
本人很懒

你说 >>>

你问现在的年轻人，什么叫“且怂且勇敢”？他们会答：天天想着跑路，月月都是满勤。年轻人们痛并快乐着，用一系列自嘲解构生活的冷峻与严肃。

喵喵说 >>>

那些嘴上抱怨不想上班的人，却比任何一代都更看重个人价值的实现；那些嚷嚷着“咸鱼不想翻身，只想丧下去”的人，都在拼命地活；那些自嘲“人生很短，本人很懒”的人，最能拎得清主次，抵得住诱惑，该工作的时候好好努力，该玩的时候好好尽兴。

两副面孔是现代年轻人的标配，示人的永远只是其中一面。只有自己才配了解自己，只有自己才能活出自己的味道。在放胆表达、真实做自己这件事上，永不妥协才是年轻人的标签。

>>> A

那天，人事经理递给我一份应聘简历，我一看，嚯，现在的“00后”在简历中都这么敢写的吗？

某某。

个人咸鱼账号运营总监，对客户市场进行画像分析，分析竞品数据指标，调整运营策略，优化客服话术，提升客户满意度，两年内保持生活费自由。

某某。

技能：砍价没输过。

特长：成功从 130 斤减到了 95 斤。

自我评价：长得还挺漂亮的。

当然，这么野路子、这么有个性的简历，肯定是少数中的少数，但说实话，现在不仅“95后”开始独当一面，连“00后”也已经出来打天下了。

所以，真实的他们，究竟是什么样子的？

>>> B

他们是真的虚荣吗?

现在同事们手里拿的基本都是最新款的苹果手机，新来的“00后”实习生用的却还是2016年买的，现在早就已经停产的老款苹果手机。她完全不觉得有什么，二十岁的成年人了，如果真有自己想要的东西，自己挣钱自己买呗。

前台的小姑娘，月薪4500元，乐呵呵地背着个奢侈品大牌的包包入了职。当时很多人觉得，她怕是哪家的“富二代”来体验生活的吧。结果后来吃饭闲聊天的时候人家大大方方地说，包是花400元钱买的二手货，物美价又廉。

在他们身上，你看到的似乎不是攀比的虚荣，而是透明的坦诚，一点不跟你见外。

他们懂人情世故吗，自律吗?

过春节，老员工见老板还没在群里发红包，一般老老实实等着就好了，“00后”就敢直接在群里发表情包并提醒老板：还不发红包吗?

看得你都替他倒吸了一大口凉气。

他们讨厌早起，讨厌加班，讨厌每天上下班要挤地铁、倒公交。就像每天看书一小时、跑步五公里这种计划，制订多少次基本就失败多少次。

但是，那个连下楼做个核酸的工夫还带个哑铃、拉力器、跳绳，完成每天运动量指标的，同样也是他们。

反正换成是我，能把时间管理做到这个份上，我得承认我做不到。

他们任性吗，有事业心吗?

小 L 去一家公司一个月就提出辞职，理由是这里的同事们有点无聊，没有几个人像他一样喜欢电竞，大家唠不到一块儿去。

这还不是我听到过的最离谱的离职理由，前几天隔壁部门的一个员工辞职，理由很硬核：我可以熬夜，但熬夜工作不行。

但你要说他们拎不清人生的目标、没有什么大志向，那我告诉你，你所能想到的人生目标也许是有车有房，是参加同学会时亮在桌面上的车钥匙一定得撑得起排面，但在有些“00 后”那里，配得上被称之为“人生目标”的，可不是什么五环外的小两居，而是我将来要拿下 CBD（中央商务区）的一栋楼，要有上海黄浦江畔汤臣一品的一套房。

痴人说梦吗？还真就未必。

他们懒吗，一逮到机会就带薪摸鱼?

你要知道，在公司待了五年的老员工，上班摸鱼的主要内容是看抖音、逛淘宝、找找晚上想吃的菜谱，刷已经看了第八遍的《请回答 1988》《琅琊榜》《甄嬛传》。

“00 后”、“95 后”带薪摸鱼，没准是在考研、考托福或者考初级会计师，然后忽然有一天你会听说，他得到了一个特别好的工作机会。

占据全公司颜值“制高点”的一位 1998 年出生的小伙儿，属于发色基本上十天一换的那种潮男，性格还阳光，情商也在线，从老板到同事都挺喜欢他，但他最大的问题就是工作积极性上差点意思，从来不加班，而且还有点拖延症。

有一次，他一张海报线稿拖了三天还没画出来，客户急到把电话打到老板那儿催了，气得部门总监当众发飙，直接下了最后通牒：下周一再不交稿，你就去人事部给我办离职，我们公司可不敢留您了。

他没慌张，更没顶嘴、找理由，悄悄搓了搓手，然后周末闷头加班一下子赶出来四版，客户看到成稿之后极其满意，直接通过。后来再提起这件事的时候，他只是慢悠悠地从嘴里溜出来一句：“可以说我懒，但不能说我不行。”

反正，“00 后”们似乎有的是办法惊掉你的下巴。

>>> C

综合以上各点，你发现了吗，现代年轻人的人生信条之一就是：人生很短，本人很“懒”——懒得矫饰，懒得装，懒得搞那些弯弯绕，更懒得在自己不在意的东西上耗费时间。

他们活在当下，他们有自己的人间清醒，他们不想自己的人生剧本被这个疯狂的世界所“魔改”。

“00后”有“00后”的“不好惹”，他们确实不太会亏待自己，真受了委屈、背了锅，我管你是什么职位的高管还是老板，一样敢拍桌子。但是犯了错，他们也肯立正挨打，乖乖改正。

从某种角度上说，他们似乎在努力活成我们最初想活成的那样——不那么小心翼翼、中规中矩，或者说，他们活得更像自己了。

从小到大，我们每个人似乎都生长在一个“反重力”的社会生态里，一路被破坏性地雕琢、被针对性地塑造，而那些后来真正小有成就的人，也许正是那些看似奇特的“野路子”。

当然，野路子和野路子可不一样。

有些年轻人，你看得到带着棱角的锐气，更看得到朝气之下的沉稳。但也有些年轻人，简历一片空白却自视甚高，动不动就敢要年薪百万，一开口就是扑面而来的躁动、轻浮、悬浮，双脚都离着地呢。

所以，别把无知当有趣，别把没底线当洒脱。

在“前浪”的眼里，“00 后”们大概是个看不透的矛盾体，他们彼此之间的不同,甚至已经大大超越了他们与“我们”的不同。

至于让我真正对他们的内心世界有所感知的一句话，是前几天吃饭的时候从隔壁桌听到的：“我之所以努力工作，也不单单是为了我自己，我想让我的父母在所有人面前活得有尊严，活得潇洒畅快，活得体体面面。”

除了拿来自勉，我又能说些什么呢。

人只有凭借自己的光，
才能绽放出自己最喜欢的模样

你说 >>>

有人说，有时候，我们需要的只是等待，等待这一刻成为过去，等待时间给我们答案。

喵喵说 >>>

岁月易逝，一滴不剩。这世界上最残酷的就是时间，所以，别把一切都推给时间，它解决问题，也制造问题。

>>> A

前几天，晚上我被朋友叫出去吃火锅，不承想，整个过程最大的亮点不是在火辣辣的汤汁里涮出来的肉丸、黄喉、鸭舌、酥肉，而是邻桌的那一对闺密。

其中的一个女孩当时接了一个电话，她和对方说："我没生气啊，就是没生气，你还有事吗？没事的话我挂电话了，先这样吧。"挂断了以后，另外那个女孩说："是他吧？你找我吃饭主要不就是因为他惹到你了吗？怎么打电话来你又怄气还什么都不说呢？"

接电话的女孩说："你说他是不是傻，自己女朋友生不生气他不知道啊？还问我生没生气，简直气死我了。"

此话一出，想必你心里立刻闪过了一句话：这姑娘，好矫情、好作啊。

其实仔细想想看，也不只是她，我们每个人都会得一种病，名字就是"偏偏口是心非症"。因为人常常会不自觉地走进一种误区，那就是觉得别人一定能懂你的感受，然后紧跟着就会把某种盼望寄托在别人身上。我们的逻辑常常就是——如果你爱我、关心我，你就必然能懂我的倔强和逞强，你就必然能听懂我口是心非背后的潜台词。

可你要知道，也许并不是别人情商低，和你没默契，而是这世界上从来就没有感同身受这回事。你觉得自己五脏六腑都被伤透了，你把自己都快委屈出内伤了，其实别人还是一头雾水，连一丁点儿都体会不到。

有些事就是这样，你以为的和他以为的，你所说的和他所理解的，根本就是两回事。

有时候，你说了一大堆的话，他就只回个“嗯”；你一个人跑到他所在的城市去见他，想给他个惊喜，他却一直埋怨你太孩子气；你花了好几周的时间织了两条情侣款围巾，你觉得这多浪漫啊，可他却说颜色不太好看，怎么都不肯戴。

你看看他，再想想电视剧里面“别人家的男朋友”，顿时就开始郁闷，无名火猛起。可是，公平一点儿说，有些事情真的是需要你说出来的，不要完全等着对方去猜、去领悟。

他也许就是那样一个木讷、不懂表达、不懂浪漫的人。他只回个“嗯”，是知道你明天有事要早起，怕你越说越兴奋，想让你快点儿睡；他说你太孩子气，其实他见到你的时候心里明明很开心，但是他更担心你一个人出门不安全；他不肯戴你织的围巾，其实只是舍不得，想一直一直完整如新地留存下去。

所以，对于这种由于口是心非而带来的误会和问题，最有效的办法，就是多想一想对方的好。你如果肯仔细想一想，说不定，就会发现更多他爱你的小细节。

他的手机、银行卡的密码从来都不避讳让你知道，尽管你说其实真的不必这样。

他是属于那种自带高冷的天蝎座，但他竟然会主动买了情侣款的鞋，又或者突然美滋滋地发个朋友圈，大大方方地秀一把恩爱。

他曾吐槽过哥们儿会帮着女朋友洗不太容易搓洗的牛仔服这件事，说是自己以后绝对不会如此惯着女朋友。可是有一天，当你看到了一个特别特别喜欢的浅色帆布包，你纠结着太容易弄脏了，他直接就说："没事儿啊，浅就浅呗，不怕，我给你洗。"结果，亲手替你洗包这件事就一直被他的哥们儿当成打他脸的谈资。

他很讨厌吃香菜，可你超喜欢。你开玩笑问他："如果将来结婚的时候伴娘非要你吃香菜，否则就不给你开门，那你是不是就不打算娶我了？"从那以后，他竟然真的慢慢接受了香菜这种自带"杀伤性气味"的食材。

对的人，不一定会带着所有你喜欢的样子出现，但他一定会让你知道：哦，原来有些人这样去爱，也挺可爱的。

>>> B

很多女生大概都曾有一个梦想，遇到一个男生，他能把自己宠得无法无天，只宠她一人。正所谓“渴望被人收藏好，妥善安放，细心保存，免我惊，免我苦，免我四下流离，免我无枝可依”。

一个人最幸福的时刻，就是找对了人，他宠着你，纵容你的习惯，并爱着你的一切。那个人，在用本能去爱你，用天真去对你好。

他夜里迷迷糊糊醒来先给你掖好被子；在来的路上，他忽然想起你随口念叨一句的东西，就特意绕路去买了带回来；自从认识他以后，你就从来没有自己动手剥过虾皮、挑过鱼刺，也没有在大马路上自己弯腰系过鞋带。

不过，遗憾的是，这样的男朋友，常常是那种“别人家的男朋友”。谁能得到这样的爱，固然是别人眼里无比幸福和幸运的事，可我还是要泼一泼冷水。其实，二十年前的歌词里面早都已经唱出来了——可惜，爱不是几滴眼泪几封情书，等待着别人给幸福的人，往往过得都不怎么幸福。

幸福这件事，在很大程度上取决于自己的安全感。

当你无比喜欢又无比依赖一个人的时候，基本上，你就像是在围绕着某个天体公转的另一个天体，像月亮之于地球，像地球之于太阳，通过围着对方旋转，去寻得一份生存的意义。

在这样的情况下，你的安全感在哪里？

就像前些日子，有一段话在朋友圈里流传甚广：我认真做人，努力工作，为的就是当站在我爱的人身边时，不管他富甲一方还是一无所有，我都可以张开手坦然拥抱他。他富有，我不用觉得自己高攀；他贫穷，我们也不至于落魄。

对方对你再好，和你自己该不该努力奋斗，这是两回事，且并不矛盾。如果你不是通过努力奋斗挣到属于自己的东西，那么最后，你的生活里根本不会有更多的余地和空间。他富有，你就有可能被认为是攀附，就有可能被他轻视或者抛弃；他贫穷，你就得跟着他一起承受贫穷，抱怨不休。

而所有这一切，都是因为你没得选，也没有主动权。

人只有凭借自己的光，才能绽放出自己最喜欢的模样。

一辈子不长，对自己好一点儿

你说 >>>

人的生命里，很多的变故仿佛都是突然发生的——突然夏天就过去了，突然就再没有暑假了；突然就遇到了，突然就失去了；突然谁住进了你生命里，突然又弄丢了谁。

喵喵说 >>>

“突然”是个很百搭的词，好像一切变化都能归咎于突然。可仔细一想，所有的意料之外其实都在情理之中，谁离开谁都并非突然做的决定，人心是慢慢变冷的，树叶是渐渐变黄的，故事是缓缓才写到结局，而爱是因为失望积攒了太多才变成不爱。

时间打败一切，时间也成就一切。说到底，我们所输给的都不是什么别人，而是自己，输给自己的不珍惜、不成熟、不坚定。

>>> A

记得我大学毕业后有一次生病在门诊打吊瓶，遇到一个女生因为节食过度导致低血糖，竟然在家里晕倒了，被室友送了过来。那女生其实就和我住同一栋楼，平时偶尔遇见，也会打个招呼。

我问她为什么要这么拼命节食的时候，她苍白的脸上没有一点儿好气色，手上输着营养液，有气无力地说："我男朋友希望我能瘦一点儿……"

再后来，有一次在电梯里碰到她，还真是活脱脱瘦了一大圈儿，关键是整个人的气色很好，真的是让人觉得眼前一亮。她说，她现在的体重不到 95 斤。

"你男朋友现在一定超喜欢你吧？你为了他变得这么瘦。"我问她。

"我们分开了。"她的眼神倒是出奇地淡定。

当她真的开始瘦下来的时候，男生却提出跟她分手，理由就是他喜欢上了别人。其实，女生亲眼看到过他的新女友，那是一个有些肉嘟嘟的女生，既没有她高，也不比她瘦。

虽然说是分手见人品吧，但当时她也真的彻底明白了，一个人不喜欢你，从来都不是因为你胖或者你矮。

分手了以后，她依然在减肥，只是没有了那种迫不及待式的自虐，更不再疯狂节食。慢慢地，她竟真的瘦了下来，变得又瘦又健康。

你看，有时候，当你放弃一段没意义、没营养的感情，不爱了，也许会慢慢变得轻松。不爱的时候，心情和头脑也就真的慢慢平静、清明起来，没有多疑的猜忌，没有受伤的敏感，没有变态的恼怒，没有期望的焦虑，没有失望的伤心，最主要的，也没有了那些傻得不着边际的幻想。

其实啊，谁的余生都没那么漫长，而爱情也并不是你唯一应该去投入的事。所以，我们就从爱情这件“小事”说开去，平凡的生活里，不要做卑微乞求的那个人，请你对自己好一点儿，请你忠于自己，活得像自己。

好姑娘，请你记住，在自己的世界里真实地做你自己就好，独一无二的你，就是最珍贵的。

>>> B

“你要对自己好一点儿，毕竟，一辈子不长；你要对身边的人好一点儿，因为，下辈子不一定能再遇见。”

很多人都会赞同这样的话吧，可是，怎样才算是“对自己好一点儿”？其实最关键的，可能并不在于你去多吃几顿好的，你在穿的、用的上面舍得给自己多买几件名牌，而是你能在多大的程度上做到尊重自己、肯定自己。

不知道你有没有觉得，坚持做自己，似乎成了一件越来越难的事，而随大流、人云亦云，似乎成了一项生存所必需的技能。

当然，这样做，最大的好处就是舒坦、有安全感，别人不会对你群起而攻之，吐槽你“大家都不这么认为，就只有你，你的智商就那么高吗”“你这么特立独行，就是想显得自己有个性呗”。

而我只是想说，时代已经都发展到了现在，不管是爱情也好，事业也好，在做选择的时候，别在该或不该的问题上纠结太多，要多问一问自己愿不愿意。

当初别人觉得学医不错，你就放弃了想学中文的想法，报了理科班；上个月别人觉得你好像胖了，你就使劲减肥；现在听别人说那个女生多优秀、多挑剔，你就没了底气，连追一追都不敢试。

其实，既然是自己那么想做的事，你为什么不能多给自己一些肯定呢？要知道，很多人之所以平平庸庸、碌碌无为，就是因为太容易否定自己。

对于大多数人而言，成熟起来的时间点，就是当你不再对别人对你的看法过度担忧，真的能比较放松和从容地去做你认为对自己最好的事时。

毕竟，我们只有在不需要太在意外来的那些声音时，才会真正变得自由起来。如果太过遵从和依赖别人的意见而活，你就永远都不能成为可以独当一面的人。何况，所谓的选择道路，其实并不一定要选择看起来既好走又安全的那一条。路径不同，风景各异，收获自然也就不同了。

人生这道题，永远都没有所谓的标准答案，保持对世界的热爱和好奇心，才是对待生活的正确打开方式。

还有，不管到了什么年纪，既然有那么想追求的东西，就试着去追求吧，在你向前追赶的过程中，谁也不知道会发生什么惊喜，对吧？

活着，就意味着
必须做点什么

你说 >>>

你说，多么希望有一天突然惊醒，发现自己是在小学的一节课上睡着了，现在经历的一切都是一场梦，桌上满是你的口水。你告诉同桌，说你做了一个好长好长的梦。同桌骂你简直神经病，叫你好好听课。你看着窗外的操场，一切都那么熟悉，一切都那么充满希望。

喵喵说 >>>

有时候，我们都希望有一台时光机，可以让人生重来，于是，我们可以弥补，可以挽留，可以少一些何必当初。但是，人生不管重来多少次，还是会觉得有遗憾。每个人今天的样子，并不是因为当初没有选择另一条路，而是你没有在这条路上，用心寻找过更美、更值得期待的风景。

>>> A

这次，我们不讲故事，我们来谈一部电影吧。

有些电影，其实和人一样，你也知道它大概有些瑕疵，你甚至都不会向别人推荐它，但这完全不妨碍你欣赏和认同其中某一部分的理念。对我而言，《20、30、40》就正好属于这一种。

在这部电影里，张艾嘉饰演的 Lily 在四十多岁的时候发现丈夫出轨，就毫不犹豫地离了婚。只是，一个四十多岁的女人要重新开始建立生活，谈何容易啊！

她绞尽脑汁想要俘获初中同学、单身王老五张世杰的心，可最终，对方还是选择了年轻漂亮的女友。在洗澡的时候，她对着镜子说，“我是一个被抛弃的女人”。然后呢？是的，她是一个被抛弃的女人，但是她不能抛弃她自己，她要找回自己。

在第二天清晨，她一个人拿着手机，迎着阳光，跑起了步。

十余年前在自导自演这部电影的时候，张艾嘉本人已经五十岁了，我猜想，这大概就是经历过半世浮沉的她想要传达给我们的一种生活态度——不管发生什么事情，自己都不能抛弃自己，生活必须要勇敢往前走，这样才对。

所以，二十岁的你，每天都在做着什么，因为和某个人分手了一蹶不振？因为工作上的一些不顺利而打起了退堂鼓？因为交友不慎觉得自己三观尽毁？

可这又如何？撂句狠话给你：抱歉，更渣的人你还没有遇见，更糟糕的事还等着你呢！你这就要投降了吗？

人生啊，永远都不会那么轻易，勇敢、勇气、野心，这些词真的不该只是说说而已。一位经历过车祸劫后余生的人曾经说，既然活过来了，那就别白白活着。而村上春树的一句话说得更是透彻：活着，就意味着必须做点什么，请好好努力。

别老想着如何逃避，而是更应该多给自己一些暗示：我并没有被生活绑架，我更没有完全失去改变的可能，我可以战胜软弱和焦虑，可以活得自在而充实，走得再远些，并且展现出最必要的决心。

希望从今往后的你，不苛求、不折磨、不虐待自己，无论遇到怎样的困境，学会对自己说：没关系，会过去的。

希望你以后做什么都能为时不晚，希望你爱的人会在你身边。

希望每个下雨天，都有一把伞被送到你身边；希望每个下雪天，都有一个温暖的肩膀给你靠。

希望每次你难过的时候都会有人陪着你，希望你爱的人会早早对你说出那句“我爱你”。

>>> B

每次看到别人在失恋以后发感慨，总是痛心疾首地说要忘记过去，忘记那个人，我心里似乎总是会有一个问号：为什么非得要忘？发生过的就是发生了，自有它的痕迹，你忘得了吗？抹得平吗？

在成年人的世界里，快速的遗忘简直是一件太奢侈的事，特别是在爱情的范畴内，在前任的身上，从来都没有“忘”这回事。我们所能做的，就是必须带着自己以往的全部经历去生活，人人皆如此。

前任都曾是对的人，即便那个人没有陪你走到最后，即便最后只能分开，只能变得陌生，很多人仍旧心存感念。因为他出现在你最美好、最难过、最容易被辜负的年纪和时光里，陪你走过、疯过、笑过、哭过，给过你实实在在的温暖，也给过你单纯美好的期待。

爱过的人是不可能忘得掉的，他只会渐渐地在回忆里被搁置，被更有趣的人和更有趣的事情所稀释。可能有一天，你再次回忆起来的时候尽管还是会痛，但再也不会撕心裂肺了。

发生过的就是发生过了，这一点，时光永远都无法磨灭。

所以，当结果已经出现并且不可能逆转的时候，不必逼迫自己怎样怎样，也不用指望得到别人的多少安慰、力挺，那也许都于事无补。过去的事，就任它默默存放在心里的某个角落，因为，不管你今天经历了什么，不管你今夜的哭声多么无助，明早醒来，这世界依然是车水马龙，人来人往，你还是要工作，要出差，要好好赚钱，好好养活自己。

前任都曾是对的人，这话不假，但其实我们所有人都差不多，新鲜感和热情消失得越来越快，有人离开，也有人会来，而那些爱恨情愁的个中滋味，等你真的一一体会过了，也就释然了。

生活毕竟还是要继续，人总归是要向前走的，对吧？

其实，不管之前曾经被伤害得多深，你都该相信，总会有一个人出现，让你原谅之前生活对你的所有刁难。等哪一天，你遇到了一个真正温暖和值得的人，你就会庆幸，还好当初没有非要留住那个旧人。

别急，最重要的东西，也许都会迟来一步

你说 >>>

考试成绩总是不上不下，刮奖从来都是“谢谢惠顾”，好不容易遇上、喜欢上的人也老是错过。于是，孤单、无助、自卑，生活当中的负能量爆棚。

喵喵说 >>>

去过伦敦的人都知道，那是一座很特别的城市，这一秒，你的眼里还是街道老旧，破落不堪，可是下一秒，转个小弯，景色却又美到令你惊叹。这是伦敦，也是人生。所以，生活不会永远都是一团乱麻，人生最愚蠢的事情之一，就是只看到眼前的难堪，而拒绝了那些更加珍贵、无比美好的时刻来临。毕竟，峰回路转、柳暗花明的感觉还不赖，不是吗？

>>> A

前两天，同事小萱和我说，她本来特意保留着当初和男朋友一起出去旅游时的登机牌，想着以后有空的时候，可以做一本美美的画册。可结果呢？她男朋友在整理东西的时候一个没留神，和其他过期资料一起，扔进了碎纸机，处理掉了。

小萱平时其实算是个挺容易急躁和发火的人，但在这件事发生的时候她特别平静。

换了其他女孩，大概都免不了因此冲冠一怒，哪怕不暴跳如雷，但至少也得让男朋友乖乖哄上好几天再说。可事实上，小萱就只是稍微念叨了一句：哎呀，好可惜啊。

我问她怎么不发火，她说："我后来想想也觉得自己的反应好像挺奇怪的，但当时我脑子里闪出来的第一个念头就是，我们两个人是异地三年，他现在终于天天能陪在我身边了，其实，其他一些东西真的没那么重要了。"

她说得很幸福，而我却听得有点儿心酸。

爱情的距离，可以近到像学校前后排座位的方寸之间，但也可能是远到万水千山，远到昼夜颠倒。

爱情里面，除了有很多的浪漫，同时也掺着很多的无奈。那些没有机会一直牵手走下去的人，在选择放弃以后，遇到了某个相似的故事，或者听到了两句戳心的歌词，不免暗暗附和着感叹一句：“我们都是在没能力给别人承诺的时候，遇见最想承诺的人，也是在为了理想不得不埋头前进的时候，遇到最想留住的人。”

其实，我想说的只是，相信这句话的人，很有可能是电视剧、小说看得太多了，因为事实就是，在这个世界上，不能再爱下去的理由可以有很多：忙、累、为你好、距离远了、性格不合，等等，但是说到底，无非就是三个字——不够爱，否则，你是舍不得放手，看着她转身离开的。

两个人，一段情，不在一起的理由可以有一万零一个，而你若是不想分开，你想继续走下去的话，只要一个理由就够了：我很爱你，不想错过你。

>>> B

下面这个人，是你吗？

早上你和她说“早安”，午饭你和她说“多吃点”，晚上她发朋友圈说去跟朋友吃饭，你说“早点儿回家，注意安全”。饭桌上她的手机一直在响，她烦了，随手把手机设置成了消息免打扰，可你却还在等着她能回你一条信息，哪怕只是一个表情也好。

手机终于响了，你迫不及待地拿起手机，却是别人打来的。你满心的失望，却还是不愿放弃。

她发朋友圈说：感冒了……

你迫不及待地问道：严重吗？

她没有回复你，也许你不知道，那条朋友圈她根本就不是发给你看的。

第二天，你同事出差带回来了当地特产，你想着给她送一份，电话打过去，无人接听。你不甘心，又打了一遍，依然是这样。“也许在忙吧”，你自我安慰。然后，手机不离手，生怕遗漏对方可能会发来的每条信息和打来的每个电话。

你不肯告诉自己，她其实永远都不会有你所期待的回应。

你心里还在奢望着：她万一会喜欢我呢，万一坚持下去她会看见我的好呢，万一可以呢，万一我能感动她呢，万一她不走了呢……

你把自己禁锢到这虚妄的幻想里，她的一句话你能紧张上半天，她的一点儿表情你都要琢磨许久，她的一个动作你都会费尽心思缜密分析。

为迎合她一点点的喜好，讨她一点点的欢心，你把自己弄得那么累、那么辛苦、那么小心翼翼，终于有一天，当你倾尽所有的力气，耗尽所有的心血，彻底绝望的时候，你才明白，原来奢望才是人对自己最大的折磨。

开始的时候，你总会为对方找很多合理的理由，但最终你会攒够所有的失望而默默离开。其实，对不喜欢你的人来说，你的每一条信息、每一个电话都是打扰，每一次关心、每一遍问候都是压力。

你旁边有人说：想念就联系，喜欢就去追啊。可是，你对她的热情终将被她的毫不领情给浇灭，你对待她的执着终以无果而消逝。

有时候，爱而不得也许会变成因祸得福，你动过情、伤过心，才会真的开始懂得，爱情不是用蛮力，正常的爱情是不需要人完全放弃自我去拼命迎合的，感情本就应该是一场互动和默契，而不是一个人的独角戏。

所以，没有回复的信息，就别再发了；没有回应的感情，就考虑放手吧；不愿意理你的人，就别再打扰了。

有人早就说过：爱情的代价就是如此，不能得到回爱，就会得到一种深藏于心的轻蔑。这是一条永真的定律。

想陪你吃饭的人，酸甜苦辣都是美味；想送你回家的人，东南西北都顺路；想和你聊天的人，永远不会嫌你话多；想回你信息的人，再苦再累都有空。

无论友情还是爱情，千万不要打扰那些迟迟不回复你的人，得不到的回应要适可而止，挤不进别人的世界就别硬挤了。

喜欢一个不喜欢你，或者说，喜欢一个不那么喜欢你的人，结果往往就是——既委屈了自己，也为难了别人，何必呢？

人，若不被在乎，要学会转身；若不被爱惜，要懂得放弃。不要偏执于不属于你的东西，不觊觎不在你人生路途上的风景，也许转身以后，你就遇上了更美丽的风景。

记着，你活着不是为了取悦谁，给自己留点小傲娇。真正合适的感情，从来不是费尽心思地去讨好。

努力过，付出过，就豪气地挥挥手，大步走开，没必要非得等到伤痕累累才知道离开。刮奖刮出一个“谢”字就可以停手了，没必要非得把“谢谢惠顾”四个字都刮出来。

别再去打扰那些不可能领情的人，最终，你的热情只会被白白辜负。

当有一天，你真的遇到了一个连你的每句废话都会回复，舍不得忽略的人，你大概就明白了谁是你该珍惜的人。人啊，总是奢望着前面的那个人能为我们停下脚步，却从不回头看看那个一直在我们身后的人。

愿你的热情终会被对的人温柔相待，爱得洒脱、真挚、不辜负。

别让别人的脚，放进你的鞋里。

躲闪的心和不肯直视的眼，

撑不起你的未来、自由和美好。

SIX >>>

你很珍贵，理应自由、骄傲、无所畏惧

有些时候要敢叫板，

与人，与事，与命运。

可以恐惧，可以焦虑，也可以撞南墙。

扛过去，这辈子你会无所畏惧。

不能问的
“为什么”和“凭什么”

你说 >>>

“你喜欢的人也同样喜欢你”这件事，真的就那么难吗？

喵喵说 >>>

这个世界上关于爱情最不该追问，却也最让人纠结的两个问题就是“为什么”和“凭什么”：我这么优秀，为什么没人追我？我对他那么好，他凭什么不选我？总有一天你会明白，所有莫名其妙的单身、所有莫名其妙的被分手，原来，都是有迹可循的。

>>> A

有时候想一想，那种“里面的人想出来，外面的人想进去”的围城定律，还真是挺对的。

小美从外到内都是个文静淑女型的好姑娘，目前单身，前两天在一起聚会，她以自己的亲身经历跟我们几个好朋友吐槽：

究竟是现在的时间太宝贵了，还是现在的人都太聪明了，为什么有的男生第一次见面就敢问你有没有男朋友，聊过两次就敢说喜欢你。你说你要好好考虑一下，可结果呢？他接着就消失不见，忙着去寻找下一个目标了。

然后再过个十天半个月，你就看见他晒出了和另外一个姑娘的合照，还配着类似于“虽然刚刚遇见，但我知道，自己一直在等的人就是你”之类的话。

显而易见，在对待爱情这件事上，小美很谨慎，也希望对方能够谨慎认真。只是，好姑娘们一旦进入爱情，又会是怎样的状态？我特别想提一提那天也在场的方闻。

方闻说，有时候吧，谈恋爱其实挺累的。有句话说得太对：在这个世界上，即使是最幸福的爱情和婚姻，一生中也会有两百次离婚的念头和五十次想掐死对方的想法。

方闻呢，在旁人眼里是“女神”级的存在，漂亮、大气、果断。她说话做事一向很讲道理，但是又比较强势，她和男朋友“相爱相杀”了两年多，周围的这群闺密就跟着听她抱怨了两年多，中心思想基本上都是：我跟他说话怎么就那么难有默契？

最经典的一次，他去外地出差，在电话里有点儿兴奋地跟她说：“我给你买一个象脚鼓吧。”

她说：“啊？为什么？”他说：“送你当礼物啊。”

她说：“你不是知道吗，我从来不摆弄乐器。”他说：“没事，放家里摆着呗。”

她说：“谢谢，我不要，家里没地儿放。”他说：“我跟你说，这鼓特好看、特文艺，我拍张照片给你看。”

她只是不想要一个自己不喜欢而且又不实用的东西，根本不在于它好看不好看。

如果非要把单身的人和有伴侣的人放在一起来说的话，单身的人，难免都隐约有种担心，往后是不是都遇不到我真心喜欢他，他也真心喜欢我的人了……

可是，等到真的遇见了，很多人又未必甘心去做出一些其实是很有必要的妥协、让步甚至是牺牲。当然，方闻那一对儿应该并不算是这一类，他们两个人之所以能够相处两年多却还没有变成对方的前男友和前女友，就已经说明他们必定在其他的很多地方做出了自己的让步，并且始终保持着对于对方某些特质的欣赏。

我始终觉得，在爱情里面你所能妥协的底线，其实是会因为对象的不同而发生一些改变的。就像从前单身的时候你觉得自己肯定不能接受的事情或者缺点，没准儿遇到了某个人之后就真的可以接受了。但是同样一件事，如果放在另一个人身上，你可能还是无论如何都接受不了。

每个人都想在爱情里做最真实的自己，不扭捏，不做作，遵从内心的意愿，那种最理想的状态就是，我可以彻底地做自己，并且我的另一半依然迷恋真实的我。

只不过，易位处之，你是这样想，对方又何尝不是呢？如果没有人懂得让步，情况可想而知。

我们都无法否认，一见如故，那是极小概率事件，任何人都是一样的，没有什么快乐是轻而易得、毫不费力的，那些让人羡慕得要命的甜蜜爱情，一定都是两个人一起积攒和努力出来的。

从个人喜好到行事风格，从脾气性情到生活习惯，从家里的装修格调到喜欢什么牌子、风格的衣服，任你再富有、再优秀、再光鲜亮丽的人生也是一样，在一起的男女双方都需要磨合，需要付出。

仔细想一想，这世上的很多事情其实就是这样，就和烧菜差不多，功夫不到、火候不到、心思不到，任凭你有再好、再全的食材也做不出好菜。那个人不出现，或者出现了以后你们却不愿意去包容和磨合，哪怕是什么郎才女貌、天造地设，也还是勉强不来。

>>> B

理想当中的爱情和实际遇到的爱情之间，年轻时候的爱情和长大懂事之后的爱情之间，到底有何不同？

年纪还小的时候觉得，喜欢或是被喜欢都会很容易，长大后慢慢发现，原来，不光是我喜欢的人也喜欢我这件事太难，就连简简单单、毫无顾虑地去喜欢一个人，竟然也那么难。

原来，那种远远看着就心满意足，那个人对你笑一下你心里就欣喜若狂的感觉，只能是专属于花季少男少女们的奢侈品，一旦过了那个阶段，我们都很难再像当初那样按兵不动地暗暗喜欢着，也很难再傻傻地不求回报。

原因就是，后来的我们都必须要去衡量利弊得失，也必须要考虑结果，毕竟，对于成年人来说，一场明知无果的等待，一场伤筋动骨的恋爱，成本太高。

和那个年纪轻轻、不谙世事的自己比起来，长大懂事的我们已经过了盲目爱情的年纪，而且我们依旧永远也无法预料到未来会是怎样。但是我们已经无比确定地知道，其实，无论是年少懵懂的喜欢、倾心的付出，还是五年、八年的等待与追随，都同样是人生里的一部分，无谓成败。

毕竟，爱情里的跌跌撞撞、颠沛流离，从来就没有什么绝对的大道理可讲，“值得”二字，至轻，也至重，砝码和量度全在自己的心。

往后，唯愿你有人好好做伴，在一桌吃饭，讲讲动听的废话，把最真实的生活都过完。

你最该做的事
是富养自己

你说 >>>

过于坚硬太伤人伤己，过于柔软又保护不了自己。要有多难，才能做到一边棱角分明，一边温暖周到？

喵喵说 >>>

我希望，你能做到富养自己。富养自己究竟有什么好处？其实也没什么，无非就是取悦自己能力多一点儿，思想更有高度一点儿，可选择的方向更多一点儿，做事更自主一点儿，看到的世界更广大一点儿，和那个最想看到的自己更接近一点儿。

很多很多的一点儿累积起来，最终，你成了一个谁都不用去羡慕的人。

嗯，就这样。

>>> A

有一天，刷到一个话题——单身久了是什么感觉？

话题底下一个特别搞笑的回复是：你别说拧瓶盖了，连消防栓都能拧开……

其实，单身一个人的生活，既有表面上看起来的自由自在，也充斥着它自带的孤独与难熬。

A 说，逛超市的时候，站在冷藏柜前面，不知道要喝果汁还是汽水，总觉得这时候旁边应该能有个人，毫不犹豫地拿起两瓶，说“跟我喝一样的吧”。

B 说，我多想有个人告诉我：“你不用改变自己，我来习惯你就好。”

C 说，一个人，做一餐饭的量永远都是那样尴尬，因为基本上，你即便是只做一个菜也一定会剩。

在日本作家高木直子的某一本绘本里，有关于一个人做饭的段落，说的是她每次做米饭都会做好多，然后她就把它们分成一小份一小份存在冰箱里面，需要的时候加热一下就可以了。

你看，一个人的生活就是这样，你总是要想尽办法，把所有的事情都变得刚刚好。

我始终觉得，没有人天生希望孤独，人总会有被人需要、被人理解、与人交流的渴求，那种“孤独得像条狗，自由得像小丑”的感觉，能有多好、多享受？

你试过一人吃年夜饭吗？还有一个人看电影，一个人去医院，一个人搬行李箱，一个人从超市把东西拎回家、扛上楼……真的太多了。

一个人，开始不敢在下午睡一觉，怕自己一觉醒来正是天刚蒙蒙黑，空荡荡的屋子里静得出奇，想想别人家，应该正是晚饭做好了热气腾腾已经上桌的时候，那时候心里就会涌上来一种自己被全世界抛弃的感觉。

孤单的时候很想找个人陪，后来想想就发现，有的人不能找，有的人不该找，还有的人找不到，算了，自己能处理的，就不去麻烦别人了。

可是，两个人的生活就没问题了吗？

在爱情和婚姻里，你要兼顾彼此的习惯、情绪、脾气，你要收敛自己一部分的个性，你要付出，你要想办法妥协，你要家庭事业两头管，也要老人孩子两头忙。

没办法，这就是生活的真相，不管选哪一条路都会有各自的难题与苦乐，你要不断面对、承担，更要不断解决，你甚至要学会享受其中。

在这个世界上，大概没有人是喜欢等待的，但等待也真的就是人生的常态，很多事情没结果之前你只能等待，在一切还没有变好之前，我们只能学会等待，工作、看书、健身、旅行……总之，你得先成为自己喜欢的样子，你要等的人才会来遇见你。

等待不等于完全被动和认命，也是蓄势，一定是让自己变得更好的过程。如果宁愿浪费时间去期待完美的人出现，也不肯花时间去修炼不甚完美的自己，这样的人生，才更加荒谬吧。

那是一段任何帮助都没用的日子，只能自己一点儿一点儿走过来。所以，在你遇见那个对的人之前，别惶恐，在等待的过程中尽量让自己更好一点，只有这样，对方才会知道等到你是值得的。最怕的就是，那个你认为对的人遇见了你，会叹息一声，埋怨自己等那么久只等来你这么一个人。

如果那个对的人现在还没出现，别着急，他也在升级提升自己中，他也怕被你嫌弃。

总之，以后还有很长很长的路要走，还有很好的人，等待着与你相遇。

>>> B

在你身边，是不是有这样一种女孩，就是如果遇见了令她心动的人，哪怕自己心里再怎么翻江倒海，也从来不会主动联系那个人，独立、倔强、不服，自尊心极强——如果你不主动来找我，那我就宁愿错过你。

在她的逻辑里，我渴望能见你一面，但是请你记得，我不会开口要求说要见你。这不是因为骄傲，而是因为，唯有你也想见我的时候，见面才是有意义的。

所以，她可能会很想见你，但绝对不会主动联系你，而她的不主动，也许不是因为你不重要，而是她不知道在你的心里她是否重要，她不想一厢情愿——既然你一直注意不到我，那就说明你不会喜欢我。你若爱我，自会披荆斩棘，否则，我宁肯错过你。

或者，你自己就是这样的人吧？

其实，我很欣赏有些人在爱情里的这种傲气。试想一下，单方面喜欢上一个人，你会觉得自己连吃醋的资格都没有，连撒娇生气也要掌握好分寸，生怕他的耐心耗尽了转身走开。

暗恋，像是徘徊在一场盛大无边的孤独里，你无数次的独角戏都是因为他。昨天看见他跟别人说了好多话，你就嫉妒得不行，今天他进电梯的时候等了你几秒，和你聊了几句，你心里似乎又升起了希望。

暗恋里的人，就像是一个人在自导自演，周而复始，把小心思拆了又装，永远都舍不得迈开大步离去，却也永远开不了口。

如果真像这样，在一段爱情中，当你连自己都觉得在不断地刷着自己自尊心下限的时候，就真的不要再把爱和喜欢挂在嘴边了，那样的爱情即便得到了也难以是美好的，并无意义。毕竟，感情终究是两个人的事。

你不妨想想看，你那么努力地改变自己，那么想要成为他会喜欢的人，可是，你自己呢？

既然他不可能爱你，那么你就必须要洒脱一点儿，这也算是对自己的一种公平。要知道，一厢情愿去爱的人，唯一的选择就是愿赌服输。

某一刻，等你清醒过来，你就真的彻底理解了有些人所说的："以前一直以为，最可怕的不是不爱，而是爱而不得，现在才明白，更可怕的其实是得非所爱。"

底气上的势均力敌，精神上的门当户对，这才是爱情里最好的模样。

你怎样都好，就是别执迷

你说 >>>

要感谢前任，让你看清，让你成长，让你变得更好。

喵喵说 >>>

抱歉，我并不觉得是这样。那些痛不欲生、撕心裂肺的日子，都是你咬着牙一天一天挺过来的，凭什么要谢别人？你要好好谢谢你自己才对啊！

>>> A

在我所认识的人里面，双子座的晓珊是挺特别的一个，我从没见过任何一个女孩子，能像她这么温柔敏感，也从没见过任何一个女孩子，又像她这么开阔沉静。

几年前，有一天的晚上她特别想吃烧烤，可冬天很冷，她就打电话给当时的男朋友，问他能不能陪她一起去吃，他在电话里说："这么冷的天，还是算了吧，别去了。"

也对，太冷了，所以她自己去了。

这就是她，她以为爱情就该是如此平等的，不用强求对方非得为你做点儿什么才算数。

可是后来分手以后，她遇见了另外一个人。一样是在电话里，聊着聊着，她就顺嘴提了一句"哎呀，有点儿想吃比萨了"，电话那头紧接着就传来了窸窸窣窣找衣服、穿衣服的声音："这么冷的天，你一个女孩子就别出门了，在家等着，我正好没什么事儿，我去买，给你送过去。这个点儿，路上不会堵车，应该很快。对了，你还想吃别的吗？"

或者你会说，刚刚认识或者正值热恋期的恋人有哪个不是这样的？等过了新鲜劲儿你再看。其实，当时的他们已经相恋三年了。

晓珊说，这就是她所看到的爱情里的两种样子——爱你的人，生怕给你的不够，而不爱你的人，就怕你要求太多。

当然，生活绝对不是言情电视剧里的设定，男主角浪漫、体贴、多金，外加温柔细致，说的每句台词都深情款款，情话技能爆表。现实就是现实，晓珊身边的那个他也会有这样那样的毛病，但是对晓珊来讲，却都可以甘之如饴。

他有时候会惹晓珊生气，但是只要他一察觉到她语气有一些不对劲了，不管多晚，不管多累，一定会过来见她一面，当天就解释清楚。

他有时候会粗心大意，但是基本上，属于他们俩的纪念日他却一次都没忘过。而且，在和其他女生保持着恰当距离这一点上，他从来都没有让她担心过。

这就是最真实的爱情吧，遇见一个人，他的身上带着你想要的和不想要的、喜欢的和不喜欢的种种属性，来到你身边，你有时会无奈，会不爽，但你的心里始终是庆幸的，因为你是真的知道，你爱他，而他也同样深爱着你，确定不疑。

有时候，爱情正如每个人生活的处境，你可以去许多地方旅行，在异国留下自己的足迹，但最后，只能选一个地方定居。

那个地方未必最美、最令你喜爱，甚至可能很不起眼，而你选择在那里定居的原因，是因为它最适合你，而且你拿得到长久居留权。

>>> B

大概，这世界上最大的谜团之一，就是为什么女生准备出门的过程会那么麻烦。

其实，对于那种只不过是出门扔一趟垃圾、买个电池都恨不得要换一身衣服，再化个妆的女生，我真的完全能够理解。

诺拉·艾弗伦，这位好莱坞知名的女导演兼大编剧，六十几岁的时候还曾说过：“有一两个前男友，我一直担心会与他们不期而遇，可事实上就算遇到，我也根本认不出他们，更何况他们居住在其他城市。但我每次打算画眼线出门的时候，总是会鬼使神差地想到他们。”

我实在不敢想象这样的画面：

一个闺密曾经万念俱灰地和我说：“天啊！你知道吗？我素面朝天的，两只眼睛水肿着，油光满面还流着汗，新鞋不太合脚，脚也被磨破了，疼得一瘸一拐的，手里还拎着两大袋子东西，就在这时候，对，就在我这辈子最狼狈不堪的时候，我居然遇到了我前男友！”

而另一位姑娘，脾气火爆，内心强大，强大到我以为她几乎不会被任何事情伤害到，有一次，连她也带着哭腔说：“为什么我都胖成这样了，前男友还是一眼就在人群当中认出了我！”

看吧，任凭女孩子再怎么强大，也都想当一个最体面的前任。况且，谁又能保证多年之后，我们不会再次出现在对方面前，满心波澜？不管是牵着另外一个人的手，还是独自一人。

我实在不敢想象这样的场面，若干年后，如果我和前男友有幸再次见面，他穿着一身得体的西装，事业有成，而我却一脸苍老哀苦，举止粗俗，身材变形，似一堵矮墙般地站在他面前，听他问出那句早知道答案的“你过得好吗？”。

分手的目的不是折磨自己，而是为了比以前过得更好，不是吗？

所以，该结束的感情，那就让它体面干净地结束、翻篇，而最好、最体面的方式，就是让自己活得更好一点儿，再好一点儿。

有一天你会明白，不管你们分开是因为不得已还是别的什么原因，“我会永远陪着你的”这句话，对于最后没能在一起的人而言，就跟手机里收到的“恭喜你中了五百万”“恭喜你获得环球旅行资格”“恭喜你成为我们节目的幸运观众”是一样的，统统都是骗子信息。

记忆也好，信息也好，应该删除的，就及早删掉吧。然后，彼此都好好地往前走，走得步态生辉，一身傲气。

我们的人生不会因为一件事就停滞不前，也不会因为一件事而一步登天。爱情这件事，其实很极端，要么一生，要么陌生，无论你怎样都好，就是别执迷，别苦苦纠缠着死不放手。

你难受、猜疑，你睡不着、吃不下，折磨的其实都是自己，你们彼此都能过得好，才算是对他的名字在你的生命里霸占了好多年的谢意。

日后，当时光将尖锐的疼痛打磨得浑圆，当那个人的名字变得和甲乙丙丁一般稀松平常，当有关于你们的一切都成了你并不关心的日常琐碎，你们之间的这一页，就算是真的翻过去了。

人总有一天会长大，总该学着去成熟，我们都不得不放弃一些曾经以为不可分离的东西，即使这个过程漫长且难熬。所以，就权且当作睡前关上的灯吧，反正天总是会亮的。

有一天，你也许会认同这句话：我的生命已经偏离开你的轨道，渐行渐远，直到永远无法交会。也可能在某个深夜，我的脑海里会忽然就闪现出你的名字，就像一簇小小的火苗，然后转瞬即逝。

我知道，那只是想起，而非想念。

你很珍贵，
理应自由、骄傲、无所畏惧

你说 >>>

理想的爱情应该是不计回报的，要撕心裂肺，要飞蛾扑火，要赴汤蹈火。

喵喵说 >>>

喜欢的本质是相互照亮，成为彼此的避风港和精神寄托，让本来就平淡的生活感到一丝美好。在每一个情绪低落的夜里有个依托，在平庸无望的时候相互鼓励。因为这段感情，我们变成了更好的自己。

>>> A

你有没有在某一瞬间，忽然很想很想嫁给一个人？

小 R 说，她有。

上个月，小 R 马上就要过生日了，有一天，她和男朋友在外面逛街，他把她硬拉进了一家首饰品牌店。当走过自己一直想买却始终舍不得买的那款戒指前面的时候，她的眼皮抬了一下，但也真的就只是稍微多停留了那么两三秒。走了一圈以后，她说："也没什么喜欢的，出去吧。"

他问她："真的没有吗？"

她说："嗯，我本来就不喜欢这些的。"

他只好说："那好吧，就再逛一逛别的地方。"

小 R 最后只在一家户外用品店里选了一件普普通通的 T 恤。

其实，小 R 的心里一定是希望男朋友能送自己那款戒指的。

生日当天，小 R 以为除了花和蛋糕，就不会有其他的礼物了，结果，他出其不意地拿出了一个盒子递给她，她打开一看，正是那枚戒指。

看她满脸全都是诧异，他说："有两次和你在车上，路过这家店的时候，我注意到你偷瞄了好几眼。后来有一天在你家，看你桌子上有本翻过的杂志，当时它就停在这家品牌广告页上。”

男生是个 IT 男，耿直、憨厚，这应该是他唯一的一次“耍心机”。

他说，小 R 不是那种会对他诸多挑剔的女生，他必须承认，他们两个人在一起，真的是她更迁就着他多一些，不管是在饮食、脾气、生活习惯上还是别的什么。可戒指这种东西，嘴里再怎么说着不在意的女孩子也一定很在意，所以，他既然决定要送，就一定不能委屈了她。更何况，有些事情，真的是你日后再怎么想弥补都弥补不回来的。

基本上，所有女孩子最怕的并不是你的木讷、粗线条、不幽默、不浪漫，这都不是重点，重点是，在你身上看不到任何希望，也找不到再在一起的任何理由。

所以，永远不要低估一个姑娘和你同甘共苦的决心，你要记得尊重她、陪伴她、不骗她，互相珍惜，给她未来。

>>> B

王尔德曾经这样解释爱情，他说，人生就是一件蠢事接着另一件蠢事，而爱情呢，就是两个蠢东西相互追来追去。

或者，你我都应该相信，在这个世界上一定有这样的人，在她眼里，爱情里最重要的事，不是什么星座相配，不是婚礼要办在巴厘岛、大溪地或是美得无与伦比的欧洲古堡，也不是婚戒要多少克拉、婚纱要限量款，那都不重要，我喜欢你，才最重要。

往浪漫诗意里说：

有的爱情，是她静静站立的地方，连风吹过来都是暖洋洋的。

有的爱情，是一想到和她共度余生，就对余生充满了期待。

有的爱情，是你喜欢的那个人总是自带光环的，只要她一出现，别人就都显得不过如此。

往温柔甜腻里说：

有的爱情，是朋友们都说，一提到她，你的眼睛里都在发亮。

有的爱情，是当你遇见她的时候，就仿佛听见有人在你耳边说了四个字——在劫难逃。

有的爱情，是你或者有千种伪装，却在遇到她的一刻，尽数褪去。

往细水长流里说：

有的爱情，像一杯水，热的变凉，凉了就再加热，反反复复，却始终不愿意浪费一滴。

有的爱情，是她在闹，你在笑，彼此温暖，互相治疗“神经病”。

有的爱情，是一件很简单的事，就像想吃的食物塞进了嘴里，喜欢的人就在心里。

一段好的感情，一定是具有带着你向上走的力量的，它不是你们留下了多少纪念，不是他给了你多少的惊喜和甜言蜜语，不是你们有多少次因为一点儿小事争吵，却又因为一个拥抱、一个亲吻而和好，而是在这段感情里，你们都变成更好的自己。

每个人的爱情都不一样，但是遇见了你，你让我更快乐、更勇敢，我们不仅给彼此相濡以沫的安慰，更能给予彼此携手前进的勇气，我们在彼此目光的见证中，一起变得越来越好，也都变成了最适合彼此的那个人。

这不就是爱情最好的样子吗？

只要还有那么想遇见的人，
你就永远不是孤身一人

你说 >>>

有时候，人会忽然间感到害怕，害怕那句“越过山丘，才发现无人等候”一语成谶。

喵喵说 >>>

罐头是在 1810 年发明出来的，可是，开罐器却在 1858 年才被发明出来，很奇怪吧？可是，有时候就是这样，重要的东西也许会迟来一步，无论是爱情还是生活。

>>> A

前几年，由于工作上的一些原因，我结识了一个比较知名的畅销情感小说女作家，人十分睿智，也极有才气，还未婚。

曾经有一阵子，她在一些城市做新书签售活动，在提问环节，她会频繁地被读者问到一个问题——你期待将来有婚姻、有小孩子的生活吗?

其实，她从来都试图尽量不去正面回答这些问题，毕竟每次不管走到哪里，几乎都会被问到类似的情感问题。但是那天，她回答了。

她说："我们每个人的境遇、三观都不同，每个人所选择的生活方式也都不可能一样。如果是完完全全代表我个人的立场和想法，目前来讲，我不会，我对婚姻并不抱太大的期待。

"当然，这并不等于说我在刻意地回避爱情，正相反，我也期待着一场非常美好的恋爱，但是，我一定不会在结果上给自己和对方太大压力。对我来说，忠诚、陪伴、信任、默契、长情，如果这些东西你们全都有了，婚姻中那张纸的实际意义也就都有了，至于其他的，就随你自己的心走，水到渠成就好。

"说实话，从二十来岁开始到现在，我一直觉得，我将来有可能会是一个不婚族，一个拥有幸福的能力，一个可以给对方最长情、最好的陪伴的不婚族。”

很明显，她的意思是说，一定要找到两个人之间最适合、最舒服的相处模式，否则，别急着非要走进婚姻。有些事，比那两本红色的证书更重要。

就在不久前，我意外地收到了她的结婚喜帖，还有精致华美的伴手礼礼盒。新郎是一家知名影视传媒公司的项目总监，年轻有为，而婚礼的地点选在了她特别喜欢的城市——布拉格，那里也是她曾经生活过的地方。

我知道，她所说的水到渠成，成了。

其实啊，对于绝大多数人来说，孤独是一种太过奢侈的东西，世界上没有多少人能要得起、配得上，你不行，我也不行。

也许，我们嘴上都会说“一个人也要活成一支队伍”“一个人也可以春暖花开”“慢慢来，别慌，你想要的岁月都会给你”，但是，你难道就真的没看到吗，那些曾经口口声声说着不想嫁、不会结婚，那些在谈笑间说着“独身万岁”的人，在找到真正登对、喜欢的人以后，在他们结婚的那一天，当她听着他宣读誓词说“我愿意”的时候，会哭成什么样？

当她哽咽着说出那句“为什么你这么晚才出现？你知道吗，其实我真的好害怕”的时候，那些在她周围心疼她、希望她能被好好照顾、希望她能获得幸福的人有多么感动，多么百感交集……

我始终相信，生命当中独自一人的这段时光其实尤为珍贵，它真的可以让一个人感悟出很多的东西。

至于未来，就算是再励志的心灵鸡汤应该也没办法去许诺你什么。不过，我希望你知道，只要还有那么想遇见的人，你就永远不是孤身一人。

>>> B

我们都会喜欢生命里的那些意外和惊喜。

比如，去买杯咖啡，赶上老板娘心情超好，竟然送了你一块水果蛋糕；

比如，饥肠辘辘的你，偏巧进到一家已经满座的餐馆，又偏巧赶上某一桌的人正好起身离开。

比如，本来你早早就出了门，可就是迟迟打不到车。终于上了车，结果半路又发生剐蹭。你以为自己铁定迟到了，却赶上同事刚好开车经过，正好捎上了你。

然而，小确幸终不如大欢喜。就比如，当真遇见了那个能和自己共度余生的人。

其实，遇见是一回事，把不把握得住，就是另外一回事了。

不妨说说看，从小到大，从青涩幼稚到成熟懂事，从战战兢兢到独当一面，我们每个人究竟有多少大大小小的愿望，有多少暗暗想过要去追、去珍惜的人，就在这些日复一日的岁月里，被我们不痛不痒地放弃掉了，又或者正准备放弃掉？

所以，真的遇到了自己那么喜欢的人，那就努力勇敢地去试一试吧，至于结果，不要去设想太多，你要能享受最好的，也能承受最坏的。毕竟，用力爱过的人，即便为了爱情遍体鳞伤，也好过心如死灰的漫长。

其实我更觉得，并不单单是为了爱情你才有必要这样。

想一想，不管是电视剧还是电影，我们之所以都喜欢那种大逆转类型的结局，就是因为这才是人生该有的真相——我们咬着牙坚持、拼了命抗争，哪怕身上承受了无数的重击，哪怕鼻青脸肿、血流满面、步履蹒跚，甚至明明知道，最终赢的那个人很有可能仍然不是自己，但无论如何，我们都已经如此充分地证明过，自己绝不是一个只会认命的蹩脚货。

对吧？

每个人都会从时间手上得到很多东西，好的、坏的，美的、丑的，永恒的、短暂的。有一些是雪中送炭，有一些是锦上添花，有一些你留得住，有一些你求不来。

只希望，最后的，是你真正想要的就好。

不要把自己局限在“困难太大，能力不行”的状态里，

也不要用“我从来没试过，我怕做不好”

这样的句式困住自己。

人生有太多种可能了，永远不要自我设限。

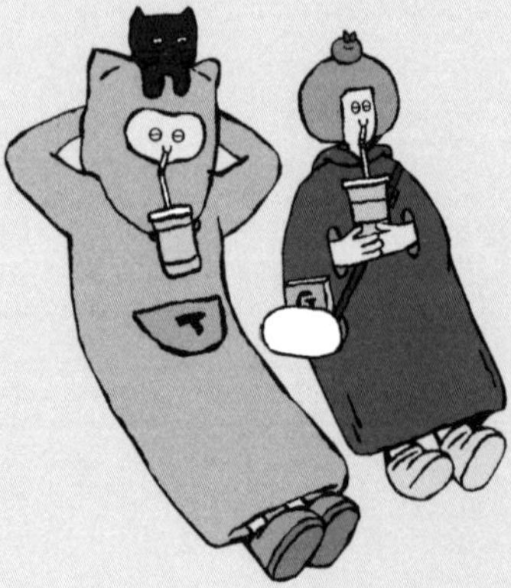

SEVEN >>>

即使改变不了世界，也别让世界改变了你的初心

喜欢什么事，就尽心尽力去做；

喜欢什么人，就大大方方去爱。

如果开始之前就想着以后不喜欢了怎么办，

那还怎么拥有美好的生活体验呢！

人生就像一座游乐场，今天来玩这一次就要尽兴，

什么项目都得去尝试一下，等回到家才有的回味。

愿我们的生活风平浪静，柳暗花明，三分惊喜，七分尽兴。

人生只有一次，活得丰富精彩一点总没错

你说 >>>

我开始觉得，人生应该主动点，不管做什么，遇到什么困难，都要自己主动去理解、克服，那么心境就很不一样，不会有被欺负的感觉，要欺负也是自己欺负自己。

喵喵说 >>>

“一切都会好起来的”这句话太虚了，应该换成“如果你不主动做点什么，永远都好不起来”。没有人可以做一辈子的主角，但每个人都能学会掌控自己的生活，成为生活的主角。既然生命是时时刻刻不知如何是好的过程，那就亲手塑造自己喜欢的生活，让自己的生命变得更加丰富精彩。

>>> A

前两天我在家看电视，正播一部青春片，反正也没事，就看起来。看了二十分钟后，我实在忍不下去了，赶紧换台。

怎么这么多年过去了，青春片还是那么狗血和离谱啊？

对于普通家庭的孩子来说，真正的青春，根本不是浮夸的三角恋、车祸失忆和街头斗殴。真正的青春是青春期的肥胖、体育课腋下的汗水、不敢递给家长的试卷、永远做不完的习题册，还有真挚的同窗情谊以及一腔热血的自己。

突然想起之前在网上看到的一句话，大致内容是："我希望有一天在电影院里看到的，不是任性冲动式的胡作非为，不是青春时期狗血遍地，成年后蝇营狗苟的剧情，而是主人公努力弥补缺憾，跟往事和解，最终成长为一个勇敢又柔软的大人。"

不说"疼痛"，不说"伤痕"，没有这种矫情又漂浮的词语，就只是点点头，笑一笑，说：该长大的时候，那就长大吧。

你可以将成长理解为一笔交易，因为我们都是用朴素的童真与未经人事的洁白，去交换长大的勇气、成熟的情感与广阔的视野……

大部分人的生活都没有被打上柔光，多少热情被稀释，多少勇敢被冲淡，多少在一起变成了曲终人散。

青春肯定会有局促不安，会有灰头土脸，会有尴尬经历，最后呢，你的生活真的就该因为这些经历而变得无比糟糕吗？

人生中的无奈、分开乃至失败，永远都是每个人的必修课，而你只有经历过这些，才能真正读懂成长的意义，否则你要拿什么走好今后更长更远的路？

自己对自己的人生负责，谁都没什么好抱怨的。

世界有时候会带着那么一点儿不怀好意，让人遍体鳞伤，痛到咬牙切齿，但这又如何？毕竟，从伤口里长出的也可以是翅膀。

每个人都是孤独的行者，在行走的过程中慢慢变得坚强。当你看惯了失望却仍保持着对生活的热爱，不卑不亢，坦然前行，不辜负一切的过程，才是对自己真正的善待。

>>> B

生活有时候远比电影更精彩，没有那么多狗血，只有很多的热血。

我认识一个女生，她的外表和她的经历会让人产生巨大的反差感。

她很爱笑，阳光乐观，刚认识她的时候，你会误以为她是在那种在养尊处优的环境下长大的天真可爱的小女生。

一路相处下来，你才慢慢发现，在少女心的背后，原来她曾经历过在大学转系不成、考研失败、求职不顺，甚至还经历过最好朋友的忽然离世。

她曾背井离乡在极其陌生的城市里迷路过，她曾在每天最早一班的公交车上，见过了这个城市每天从沉寂中渐渐苏醒的样子，她也曾在大雪夜里独自一人去医院，甚至还差一点儿因为迷迷糊糊睡着耽误了呼叫护士拔针……

如今呢？当她一个人熬过这一切、扛下所有之后，她却没有成为那种整天把疼痛、伤痕挂在嘴边的人，她触摸过琐碎的日子，见识过艰难的生活，却依然脚踏实地、用心地过着热气腾腾的生活。

她给人的感觉永远都是那样元气满满，而她这份保持和沉淀下来的纯净、坦荡和不世故，竟显得如此可贵。

是啊，她有少女心，但绝不幼稚；她内心温柔，却又充满力量。面对这样的她，你真的会相信她的未来是温暖的、美好的，更是充满希望的。在她面前的是等待她去征服的山河大海，而在她脚下正在开辟着一条自己真正喜欢的路。

人的成长并非一夜之间，但或迟或早总会到来，无人幸免。

所以，醒一醒吧。这世界上没有谁可以永远停留在那个天真无忧的青春时期，没人能拥有长不大的借口，而你迟早要自己理清楚，该继续保有的纯真和该放下的幼稚之间的区别。

当你成长了、努力了、成熟了以后，你会发现，你仍然是你，不同的是你已经不再是两手空空。这种额外的价值来自于你的不断进步，以及面对未来一切的未知你都有向前走下去的勇气和底气，这远比任何的褒奖都更有意义。

世上所有事情都是两面的，如果你感到委屈，证明你还有底线；如果你感到迷茫，证明你还有追求；如果你感到痛苦，证明你还有力气；如果你感到失望，证明你还有期待。

从某种意义上说，这样的你，永远都不会被打倒。

>>> C

人在二十几岁的时候，正处在人生最好的黄金年代，你应该有好多的奢望，想爱、想吃、想疯狂。所以，有想法，那就大胆地去尝试，去感受不同的生活，多读书，多旅行，多结交有趣的朋友。

不必非要搭上大把的精力和时间去迷茫，去犹豫和纠结什么选择是最好的，因为根本就没有人知道将来会发生什么。

每个人都已经登上了生活这条“贼船”，唯一不同的是，你选择让自己看到怎样的风景。

越是不断成长就越会发现，日复一日的生活看似平淡无奇，波澜不惊，可真的回头想想，一年前的你在担忧哪些问题、是个怎样的人，再看看如今，你在面对什么问题、成了怎样的人，就会猛然发现，命运原来是在一路狂奔着，我们都只能奋力向前。

在这狂奔的过程中，每个人都可能遇到突如其来的转变，面对这些身不由己的变化，我们会疲惫，会迷茫，会胆怯，有的人会抱怨颓丧，顺势跌落下去，而有的人却能迸发出力量，活出新的生活。

要永远记得，你对自己的人生是有主动权的。是活得破破烂烂，还是漂漂亮亮；是活得狗血淋头，还是热气腾腾：这完全取决于你自己。

生活不是定制，所以才会有惊喜和奇迹存在。

明天还有无数种可能性，千万不要在最年轻、最具有创造力的时候就丢失了一切热情。路就在那里，未来就在那里，你只有走过去，才能抵达更好的未来。

人生的每个阶段都会有它相应的姿态，过来人会告诉你，生活就是个缓慢“蒸发”的过程，人一天天老下去，力量和奢望也会一天天消失。

但是，这其实只是前半句，它的后半句是——二十多岁的你一无所有，却让所有人羡慕；现在的你如此年轻，你只需要相信自己，相信自己会永远生猛下去。

人生只有一次，活得丰富精彩一些总没错。

希望你能保护好自己身上的特质，无论是五年还是十年，永远善良，不服输，热爱书籍和音乐。在漫长岁月的变迁里，是这些让你永远迷人，富有生命力。

所谓的标准，都是为了你不会爱上的人设定的

你说 >>>

我爱他，但是，他爱不爱我？有多爱？会爱多久呢？

喵喵说 >>>

如果你一直在纠结他到底爱不爱你，那么，答案多半是不爱。

人的直觉有时候就是这么准，自欺欺人和从别人那里找安慰也都是假的，都是在逃避而已。

>>> A

嘉妮是我好朋友的发小，可爱又靠谱的一个好姑娘。

最近几个月，她被家里人拉去相了好几次亲，直弄得她有些郁闷，可是，她家里人也同样郁闷。

每次相亲回来大家一问她，她的结论基本就是：有小肚腩的不行，个头儿没到一米七五也不行，一项运动爱好都没有的也不行，发际线太靠后的就更不行了。就算遇见了长得挺好看的帅哥，理由也有啊——太帅的不行，那双桃花眼，成天多招蜂引蝶啊。

其实，嘉妮毕业工作也就刚刚一年多，对于谈恋爱这方面，心态倒是很轻松，就是家里头跟着操碎了心，怕她心高气傲，一个不小心挑花了眼，生生把自己给耽误了。

也不单单是像嘉妮这样的女生，男生同样不也在挑吗：这个脸上有点儿小雀斑，不好；那个有点儿胖，算了；这个眼睛太小了，不行；那个个子太娇小了，也不行；那个嗓门太大，还是算了。然后，看得吃瓜群众内心泛起的声音就是——现在的这些孩子们，都这么挑剔吗？

我的答案是：未必。

爱情的发生和存在从来都是很微妙的，他戴眼镜不行，但换在另外一个人身上，你也许就觉得没多大关系，根本就不是个事儿；她身高达不到你心里的标准，但换在另外一个人身上，你也许压根儿就不会介意。

等到让你真的想牵手、想保护、想托付余生的那个人出现了，你就会发现，噢，原来在爱情这件事上，所谓的标准根本就是不靠谱的，因为，一切的标准都是为了你不会爱上的那个人设定的——感觉不对、频道不同、气场不合，怎么将就？即使将就了又能死撑多久？

更何况，越不挑、越想将就的姑娘，也许就越难遇到能给她幸福的人。

这就好比，人家在餐桌上问你想吃什么，你说“随便”，到头来，你吃到的大都不是你想吃的——因为连你自己都不知道你想吃什么。

嘉妮算是那种比较典型的“面包、身材和美貌我都有啊，你给我爱情就好”的女生，后来，她找到的男朋友也不是相亲认识的，而是她所在公司一家合作方的项目团队代表。

他的外形不是阳光帅哥型，私下里也不是运动达人，身材不高，薄薄瘦瘦的，是一个典型的理工科出身的技术控，戴着一副黑框眼镜，斯文、干净、沉稳、思路敏捷。

认识他、和他在一起之后，嘉妮真的觉得，再复杂的问题到他手里似乎都能有办法很快解决，她的生活仿佛跟着变得开阔了许多。嘉妮甚至经常跟男朋友开玩笑，说怀疑自己是不是找个一个“哆啦A梦”。

实际上，要不是他死活都不肯，他在她手机里的昵称直接就是“哆啦A梦”了。

相处久了，两个人越来越合拍，也越来越相爱。

这世界上不存在什么量身定制的完美爱情，没有一个人会拥有你喜欢的所有样子，而你也不必刻意活成某个人喜欢的样子。当你爱上那么一个人，他可能并没有多好、多优秀，但你刚好就喜欢那几分好，你们遇到了，爱上了，确定了——那么，就是他了。

在复杂易变的人心和无穷无尽的擦肩而过里，我遇到的最好的事，就是爱上你，并同时被你爱着。

>>> B

我不知道有多少人曾经告诉过你，爱情里，出场顺序真的很重要，早两年，晚两年，喜欢的类型可能就完全不同了。所以，有时候，有人会觉得自己就好像是在被命运捉弄一样，好不容易遇上了一个自己喜欢的人，但是对方似乎并不领情。

于是，你想起了那句“我喜欢你，与你无关”。

乍一听，嚯，还挺想为这份理直气壮的孤勇，为这份飞蛾扑火的劲儿点个赞，但一细想，这样的执拗，其实未必值得。

没错，你就是喜欢他，喜欢到你甚至想象着，如果有一天你们真的在一起了，什么鲜花、蛋糕、电影票、生日和纪念日的小礼物……这些都不重要，哪怕他再怎么高冷、粗心，不体贴，不懂嘘寒问暖，这都不要紧，无所谓，你可以不在乎。

但我想说的就是，很多时候，正是这些细碎而柔软的东西，最后才撑起了一场细水长流的感情，才垒起了一个坚不可摧的家。

人永远都别低估了自己对于爱情的期待，“不求回报”“不问结果”并不是什么人都能做到的，说得直白一点，那是小说和电视剧里面才会用到的梗。

现实总会让你知道，要感动一个没那么喜欢你的人，从来都不是一件容易的事，那太空幻，也太磨人。尘世烟火里，凡是能够长久的爱情关系，一定不能光靠其中一个人的死撑。

都说爱情最美好的阶段，就是两个人的关系将明未明的暧昧期。两情相悦的这种暧昧当然美好，但如果不是两情相悦呢？我觉得，最好不要太过执拗。

我相信，那个人喜欢还是不喜欢你，基本上你是可以心知肚明的。就拿你自己来说，你喜欢谁，自然就会想跟她有事没事多说说话，把所有的话都揉碎了、掰开了说。

可是，如果你不喜欢她，只是想当一个普通的朋友，那么最多保持着正常而又礼貌的“点赞之交”也就够了。

所以，那些看似高冷寡淡的人，大都藏着一个不肯将就的灵魂和一个一心想要等到的人吧。他懂得保持距离，懂得拒绝，不去玩暧昧和备胎那一套，如果从这一点来看，他没错，你的眼光也没错。

而你，一个好强又干脆的好姑娘，当然值得一个愿意将他自己的真心完全交付给你的人。

即使改变不了世界，
也别让世界改变了你的初心

你说 >>>

记忆里的人，是不能去见的，见了，原先那样美好的回忆和感觉也就跟着没了，毁了。

喵喵说 >>>

当初曾经明里暗里被自己喜欢过的人，日久之后，或许真的会变成张爱玲笔下的那一颗朱砂痣、一抹蚊子血，你耿耿于怀，你念念不忘。可其实，见与不见的结果，除了“一见毁所有”，也许，是更喜欢呢……

>>> A

古仔和安安的爱情，其实我很想一直放在心里始终不讲出来，因为有人大概会觉得那故事太轻，够不上轰轰烈烈，荡气回肠。但是，当我每次听见有人一看到八卦新闻爆出谁和谁分手了、谁和谁离婚了，然后就觉得自己纯洁美好的爱情观简直快要崩塌，就说什么再也不相信爱情的时候，我就会像条件反射一样，首先想到他们这一对儿。

古仔和安安是高三同学，古仔成绩中上，安安成绩很好，两个人前后隔着一排座位。

其实，那个时候的女生男生心思都是很微妙的，女生可能因为哪个男生极不经意地微微笑了那么一下，男生可能因为哪个女生朗读起英文来居然那么好听，就瞬间心动了一下。而安安打心眼儿里注意到古仔，是因为他有一次被老师叫上讲台做板书例题，她居然发现：哇哦，这男生写的字，怎么能这么好看？！

后来一毕业，大家都如鸟兽散，天各一方。至于大学毕业以后，大家的去向就更是天南海北，安安在北京，古仔在上海。

开始工作以后，安安陆续搬过几次家，每次整理自己以前的东西，她都会选择性地舍弃一些，但她一直留着当年高三毕业的班级集体大合照。每次看到这张毕业照，她的眼神都会在古仔的脸上停留好一会儿——他就站在她身后，自自然然地淡笑着。那种感觉，连她自己也形容不出来。

大概真的是天意，后来有一次，安安飞去上海出差，古仔正好来浦东机场接人，就是这样，两个人毫无预兆地在机场相遇了，而且几乎同时认出了对方——对，就是这么巧！

两个人在一起之后，古仔曾经问过安安："你难道就真的没想过，为什么当年在班里的所有女生里面，我只找你借笔记、对答案、问不会的题吗？"

安安明显怔了一下，然后，她慢慢地说："那你有没有好奇过，有没有想过，我为什么下了课也总是爱留在座位上，不太出教室吗？"

其实，安安后来仔细琢磨了一下，之前在拿照片看的时候，她的脑子里不是没想过，当年可能只是自己想太多，只是自己的一颗少女心在作怪。而且，就算哪一天自己真的见到了他，他或许早已不再是她记忆当中的样子，毕竟，当初十七八岁的那个年纪，欣赏一个人的眼光很单纯，一个优点或者细节就能把自己对这个人的好感放大好多倍。

但是重逢以后，安安彻底明白了，原来见与不见的结果，除了“一见毁所有”，还有另外一种可能，那就是我好像比当年更喜欢你了。

后来，古仔来了北京工作。安安和古仔出来和大家聚会的时候，我认真观察了好几次：

安安低头去捡东西，抬头的时候肯定不会撞到桌角。古仔虽然仍旧在不动声色地正常说话、聊天，但下意识地就会把手伸过去，覆在桌角那里；

安安吃火锅的时候，古仔递给她的蘸料碟里一定没有加葱花和香油，因为她怎么都吃不惯；

安安超级喜欢听苏打绿的歌，可古仔之前完全不了解，一开始也唱不好，他就偷偷练习了好多苏打绿的新歌老歌，后来驾轻就熟，轻轻松松就能陪着她一直唱到尽兴。

其实，安安对古仔也是一样：

古仔和她虽然都是四川人，但在上海生活的那段时间里，古仔对当地的馄饨始终是情有独钟，后来，安安就做得完全像模像样了；

古仔每次要出差，不管多晚，安安一定会帮他收拾好行李；

古仔父母的生日快到了，安安记得比他还上心；

古仔平时是抽烟的，但是后来慢慢地少了好多，因为他的衣袋里几乎就没断过安安偷偷给他塞好的口香糖。

其实，哪怕再怎么有缘，缘分二字最多也就只能负责两个人的相遇而已，至于后面的结果，谁也保证不了。

而那些真正懂得爱情、懂得珍惜缘分的人，他们之间的默契和用心全都扎根在细节里，这才有了刚刚好的温柔和刚刚好的小幸福。

>>> B

在一起，或者不在一起，很多人都说，这得靠缘分，是勉强不来的，不能强求。

现实当中的缘分，很难像韩国电影《假如爱有天意》里面的经典桥段那样，哪怕上一代人因为种种的原因没能在一起，可是，他们的下一代会一见钟情，会在经过了一些的试炼以及阴差阳错以后，最后还是成就了一段很美好、很圆满的爱情。

其实，几乎百分之九十以上的爱情电影你是猜得到结局的，因为它们都是带着一定的情感洁癖在诉说，它们最基本的立意，一定是希望孤独的人能始终相信爱情，希望受过伤、跌过跤的人能依然相信圆满。

所以，不管其中的过程如何曲折，不管有多少人从中破坏和阻挠，不管有多大、多深的误会，到头来，它一定会替剧中人，替你，齐齐补上所有的遗憾与错过。一定是这样的。

哪怕每次都是“被套路”，但是为什么我们依旧会去看，依旧乐此不疲？因为我们每个人都是一样，总是习惯性地渴望完美和顺遂，这是人性本身的一种需求和情怀。

但是一旦跳脱出电影，生活毕竟就是生活，很多的憾事，真的由不得你去挑选和重新设定结局。

如果换个角度，这也未必就一定是坏事，就像廖一梅在《恋爱的犀牛》里所说的，如果没有那么多的感动、那么多的痛苦，在狂喜和绝望的两极来来回回，活着还有什么意思呢？

所以，缘分这种东西，其实并没有好与坏的区别，人这一生，凡是你所遇到的、经历的、藏匿于心的，其实都是礼物，有一天，也终将要舍弃。人人皆如此。

喜欢是乍见之欢，
相爱是久处不厌

你说 >>>

当爱情散场，我们都爱追究个是非对错，到底是谁亏欠谁、谁辜负谁。可是，这真的有意义吗?

喵喵说 >>>

不要说别人辜负了你，终归是你辜负了自己，你是唯一能够把自己辜负到体无完肤的那个人。

一生的时光如此有限，请你不要在不该执迷的人和事情上耽误你自己。你可能做过一些傻事，说过一些蠢话，爱过一些烂人，但是，请不要永远傻下去。

>>> A

女孩会因为听见自己的男朋友说了什么而火冒三丈?

有一个女孩是这样回答的，有一天，她男朋友看着她化妆包里的瓶瓶罐罐说:“我跟你说，以后能不能别买这么贵的化妆品，我看里面的成分都差不多，效果也没差啊，那些大牌子就是广告做得太狠了，所以就贵。”

化妆品太贵、衣服不合他的眼光、鞋的款式不太好看……诸如此类，后果就是让女朋友实在忍无可忍，脾气还算不错的会回他一句:“请问，你到底是有多不满意你女朋友?”脾气不好的，就请自行脑补吧。

其实，这绝不仅仅是情商和消费观念的问题，而是价值观甚至是生活观念上的巨大差异的反映。而这个话题，也让我想起了不久前刚刚当了新娘的小米。

我记得，如果不是有一次小米亲口跟我说，我真的不知道，原来，爱情里的两个人如果真的默契起来，还可以是这个样子的。

小米是那种比较有独立审美的人，她不会盲目追求名牌，平时也会乐呵呵穿从网上买来的不到百元的白T恤，但是有些百搭必备款一定是“系出名门”。所以，她衣柜里的衣服虽说不算多，可每一件都是落落大方又很经典的款式。鞋子也是一样，花样不多，但绝对能和衣服搭得恰到好处。至于饰品，她的消费观其实很理性，一定是她真正心动的才会果断买下来。

有一次，她和男朋友（目前已经是老公）两个人周末约会，内容并无新奇，无非就是普通情侣们的标准套餐——吃饭、看电影、逛街。那天，他买了一款德国品牌的书写笔，然后逛到同一层的另外一家店面的时候，她买了一条手链。

于是，最关键的来了：

原本小米和她老公都不是话痨型的人，除非是和气场特别合的，或者是跟很熟络的人在一起，话才会显得多起来。但是那天，小米竟然发现，打从一开始他们走进前一家店里，到最后结完账走出了后一家店面，两个人就像是坐在家里的沙发上，或者牵手并肩地走在海边的沙滩上一样，借由着刚看过的电影，就着一些共同感兴趣的话题，一直闲聊、一直闲聊，居然完全没有任何的中断，甚至完全没有聊有关于要买的东西款式如何、价格怎样的问题，最多就是稍微用眼神相互交流了一下，仅此而已。

这两样东西都是他们逛着逛着临时想要买的，而整个的过程就是如此自然而然，一气呵成。

这两件事放在一起，你看到了吧，在两个人的默契里，消费观其实是特别重要的。这种消费观的契合并不是嘴上甜言蜜语地哄一句“你买什么都好、穿什么我都喜欢”，而是心里真的欣赏对方的风格，赞同对方的审美。

喜欢是乍见之欢，相爱是久处不厌。那个能和你聊得来、对脾气、同频率的人，一旦真的遇见了，千万别错过。

>>> B

在不同的阶段，在经过了不同的事件之后，人对爱情的看法和感知力往往也是不一样的。

从前单身的时候觉得，爱是你眼里只有我，为我拒绝所有的暧昧；爱是我们会实现有彼此的未来；爱是你有和我过一辈子的真心和执着。

失恋以后回归单身的时候觉得，爱是看透了彼此所有缺点、坏脾气却还是包容；爱是争吵过后，两人都害怕失去彼此，主动妥协；爱是当热情渐渐退去，你还是爱我一如当初；爱是你不必取悦我，我不必讨好你。

这些心境会因人而异、因事而变，但能够确定的一点就是：恋爱中的人，悲伤、喜悦和一切的情绪都是容易被放大了的。

然而，当你经历过一些大大小小的波折以后，人也更加成熟了，你就会明白，其实，人生是件挺奇怪的事，最初你所深信不疑的东西，后来竟也是由你亲自推翻，而那些当初你曾无法接纳的道理，后来也是被你默默身体力行。

慢慢地你会发现，并不单单爱情是这样，人生当中的很多道理，有一些是被自己误读的，还有一些是被自己低估的。而这里面的对与错、是与非、利与弊，你不来来回回经历上几轮，便体悟不到自己内心的真正想法。

我们每个人都一样，当与这一切的故事和问题和解以后，你才能成为你最想看到的自己。

人生是一场没有任何彩排机会的即兴剧目，上了台的每个人，谁都无法预料未来会是怎样，我们要走的路，永远有着太多的不确定。也许，曾经好到穿过同一双鞋的兄弟会大打出手；也许，曾经好到分享同一杯水的闺密也会断了联络；又或者，昨天还是毫无交集的路人，今天竟然变成了朋友，后来又变成了相知相守的爱人。

没办法，很多事就是这样，我们一辈子也猜不到结局，可我们需要记住一点：不管过程如何，一切的结果，总归都自有它的道理。

能辜负你的，
只有你自己

你说 >>>

想要忘记一段感情，方法永远只有一个：时间和新欢。

要是时间和新欢也不能让你忘记一段感情，原因只有一个：时间不够长，新欢不够好。

喵喵说 >>>

其实，时间和新欢都不是能改变你生活的灵丹妙药，能改变你的，能辜负你的，只有你自己。

>>> A

一大清早，两人在家里大吵了一架，女生忍着眼泪，拿着装着他们合影的相框，大喊："不要过了，是吗？"

男生也正在气头儿上，说："不敢砸是吧，来，那就我帮你。"

说完，他一把拿过相框，瞬间扔到地上砸了个七零八落，他说："偷偷翻看我手机，你到底发现什么了？发现什么了？"

沙发桌台上的一个瓷偶也被他碰到地上，裂成好几瓣，他越说越生气："对，不过就不过，不过了！"

最后，女生哭得连话都讲不出了，男生赌气摔门而出。

男生一整天上班都没心情，下了班跟哥们儿去喝酒诉苦，说自己心里特别憋闷，觉得好像找错了人，觉得委屈，觉得对方怎么就这么不信任他。

哥们儿跟他喝了几杯，说："其实吧，这也不是什么天大的事儿，没必要，回去好好聊聊，都说开了也就没事儿了。"

等到情绪发泄得差不多了，男生突然间觉得心疼起来，因为其实他脑子里一直都在闪回着一个画面：女孩没事就爱窝在沙发里，手里捧着一个瓷偶，一脸的小幸福，她说："这是你送我的第一样东西，你说，我怎么就是看不够呢？"

他小跑着赶回家，假装好像什么事都没发生似的，推开门，就跟平常一样，说："我回来了。"

可是，从那天开始，这间屋子里就再也听不到她的回答：

"喂，快洗手，饭马上好了……"

通常，大张旗鼓地离开大都是在试探，口口声声吵着嚷着说要离开的人，总是会在最后红着眼眶弯着腰，把一地的玻璃碎片收拾好；而真正准备离开的人，只会挑一个风和日丽的下午，随意裹上一件外套出门，便再也不会回来。

真正的离开甚至没有告别，都在心里，悄无声息。

然而，很多事情就是这样，一旦她是真的走了，他才知道他多么爱她。那些年轻的岁月，那些微笑和痛苦，原来，竟是他一生中最美好的时光，任谁也替代不了。

爱情，它大概是这世上最变化多端，也最容易使人贪婪的一种存在，也许一开始，你只想对方能多看你一眼，可是后来，你希望在这眼神的内容里，能多一点儿温柔的爱意，多一点儿甜蜜和欣赏。再后来，你希望对方一天比一天更懂你，甚至希望对方能满足你对于爱情的全部理想。于是就这样，每个人似乎都忘了，其实在一开始，你只是想对方能多看你一眼。

所以，两个人在一起就务必好好珍惜对方，不要等到你想珍惜的时候，那个人却因为积攒了太多的失望而离开。

千万不要轻易放开一个愿意爱你爱到骨子里的人，因为在每个人的生命里，这样的人，可能都只有一个，而这个人，大概也只能如此用力地去爱一次。

>>> B

人的一生当中可以经历很多事，有的事是你可以挽回的、弥补的，但同样也有很多事，真的是没办法的事。

这么多年风风雨雨、摸爬滚打下来，其实你早就心知肚明，努力一个星期不会让你变成年级第一，节食两周不会让你瘦成闪电，你剪短了头发生活也不会重新开始。

你明白了：一场说走就走的旅行不会帮你解决掉所有的迷茫和压力，你迟早都要回来面对，要重新收拾局面；吃巧克力未必会让你心情变好，反而可能会发胖；就算是和高个子的男生手牵手走在一起，安全感也许还是零。

你懂得了：生病了发个朋友圈、微博说自己难受，只会收到一些“记得多喝点儿水”“好好休息，快点儿好起来”之类的关怀，始于同情，止于礼貌，不会有人真的打电话让你开门给你送药、送吃的。

所以，现在谁用心陪在你的身边，一定要对谁好一点儿，这是你唯一能做，且永远都不会有错的事。

其实回头想想，每个人的心中大概都有那样一个不可能忘掉的人吧，你会在某些不经意的瞬间就忽然想起。比如：看到一个相似的背影的时候，赶巧碰见对方好朋友的时候，梦里偶然梦到的时候，一个人走在夜晚的大街上的时候，听到一首熟悉的歌的时候。

我记得，《万物生长》里有句话是这样说的："有些人像报纸，他们的故事全写在脸上，有些人像收音机，关着的时候是个死物，可是如果找对了开关，选对了台，他们会喋喋不休，直到你把他们关上，或是电池耗光。"

你看，如果落在"爱情"两个字上，曾经相爱过的人，不管他人在哪里，你永远都是避无可避的。他会驻留在你心里的某个角落，然后就在你毫无预备的某些时候跳出来，牵扯起你的一些小情绪。

可后来，你渐渐发现，这个人不管怎样都已经不会和你有交集，你依然要吃、要睡、要工作、要去健身，你会交到新的朋友，你也要怀着最大的诚意、信心和期望，去好好开始和经营下一段的爱情。

你会明白，有些人，就是永远地印刻在了你这辈子的记忆里，你忘不了、抹不掉、避不开，但这都不会，也更不该影响到你的生活。

世界那么大，每个人都匆匆忙忙，有的人能在你身边停留过一阵子，就已经是个不大不小的奇迹了。

不过，值得庆幸的就是，我们都是一样，往往都是在离开了错的人之后，才能真正看清楚谁才是真正对的人吧。

图书在版编目（CIP）数据

别把这世界让给你鄙视的人 / 杨喵喵著 . -- 北京 : 新世界出版社，2023.8

ISBN 978-7-5104-7705-8

Ⅰ . ①别… Ⅱ . ①杨… Ⅲ . ①成功心理—通俗读物 Ⅳ . ① B848.4-49

中国国家版本馆 CIP 数据核字（2023）第 111035 号

别把这世界让给你鄙视的人

作　　者：杨喵喵
责任编辑：周　帆
责任校对：宣　慧　张杰楠
责任印制：王宝根
出　　版：新世界出版社
网　　址：http://www.nwp.com.cn
社　　址：北京西城区百万庄大街 24 号（100037）
发 行 部：（010）6899 5968（电话）　（010）6899 0635（电话）
总 编 室：（010）6899 5424（电话）　（010）6832 6679（传真）
版 权 部：+8610 6899 6306（电话）　nwpcd@sina.com（电邮）
印　　刷：吉林省吉广国际广告股份有限公司
经　　销：新华书店
开　　本：880mm × 1230mm　1/32　尺寸：145mm × 210mm
字　　数：170 千字　印张：8.5
版　　次：2023 年 8 月第 1 版　2023 年 8 月第 1 次印刷
书　　号：ISBN 978-7-5104-7705-8
定　　价：52.80 元